不确定环境下的项目资源分配与调度

王建江 胡雪君 赵 雁 陈子鹏 何 华 著

电子工业出版社.
Publishing House of Electronics Industry
北京·BEIJING

内 容 简 介

现实环境的复杂性为项目实施带来了极大的不确定性，几乎所有的项目执行都是在不确定环境下进行的，为项目管理和资源规划调度带来了巨大挑战。本书针对活动工期不确定环境下的项目资源分配与调度问题开展系统深入的研究。首先，本书分别介绍了资源受限项目调度、带有资源转移时间的项目调度和不确定条件下鲁棒项目调度等相关经典问题，对相关问题的研究工作进行了全面的综述分析；其次，针对单项目调度问题，研究了带有资源转移时间的资源受限项目调度问题资源流编码方式，提出了活动工期不确定环境下的鲁棒调度与资源分配集成优化方法；再次，引入资源转移成本这一关键因素研究活动工期不确定环境下的鲁棒调度问题，提出了项目调度和资源分配多目标优化方法；接着，将研究视角拓展到多项目管理领域，研究了多项目管理资源专享-转移策略，提出了资源专享-转移视角下的多项目资源分配（战术层）与鲁棒调度（运作层）双层决策优化方法；最后，展望了不确定环境下项目资源分配与调度的一些应用前景和发展方向。

本书适合项目管理实践、运筹学、管理科学与工程、资源规划调度等相关领域的科研人员、工程技术人员阅读，也可作为高等院校有关专业高年级本科生、研究生及教师等的参考用书。

图书在版编目（CIP）数据

不确定环境下的项目资源分配与调度 / 王建江等著.

北京：电子工业出版社，2025. 2. -- ISBN 978-7-121
-49660-8

Ⅰ. TP273

中国国家版本馆 CIP 数据核字第 2025Y10E29 号

责任编辑：徐蔷薇
印　　刷：北京七彩京通数码快印有限公司
装　　订：北京七彩京通数码快印有限公司
出版发行：电子工业出版社
　　　　　北京市海淀区万寿路 173 信箱　　　邮编：100036
开　　本：720×1000　　1/16　　印张：9.5　　字数：181 千字
版　　次：2025 年 2 月第 1 版
印　　次：2025 年 2 月第 1 次印刷
定　　价：88.00 元

凡所购买电子工业出版社图书有缺损问题，请向购买书店调换。若书店售缺，请与本社发行部联系，联系及邮购电话：(010) 88254888，88258888。
质量投诉请发邮件至 zlts@phei.com.cn，盗版侵权举报请发邮件至 dbqq@phei.com.cn。
本书咨询联系方式：xuqw@phei.com.cn。

前　言

项目管理作为现代管理科学中的一项重要分支，自 20 世纪中叶以来迅速发展，已经成为各类组织在实施复杂工程、研发项目、建设信息系统及其他任务中不可或缺的管理工具。项目管理的核心在于对项目活动的规划、组织、指挥、协调、控制和评价，以期在限定的时间、资源和质量要求下，实现项目目标。项目调度作为项目管理的重要组成部分，其意义重大毋庸置疑。它主要通过合理安排项目活动的顺序、资源的分配和时间的管理，以确保项目能够高效、有序地进行。项目调度不仅在建筑工程、制造业等传统领域发挥着关键作用，在信息技术、软件开发、科研项目等知识密集型行业中也广泛应用。例如，在建筑工程中，项目调度有助于合理安排工序，以确保工程能够按时完工；在软件开发中，项目调度可以帮助项目经理合理分配开发人员的工作任务，优化开发进度。正是由于其广泛的应用和深远的影响，项目调度成为学术界和工业界广泛关注的焦点。

然而，随着全球经济的快速发展和科学技术的不断进步，项目管理环境变得日益复杂和动态化，项目调度中的不确定性问题也日益突出。现实中的项目往往受到市场需求变化、技术风险、资源供应不稳定、政策环境变化等不确定因素的影响，项目的执行充满了各种变数。这些不确定因素不仅影响了项目的进度控制，还可能导致资源的浪费，甚至项目的失败。项目调度中的不确定性带来了巨大的挑战，尤其是在项目资源分配和调度过程中。传统的项目调度方法通常假设项目的活动工期、资源需求和可用性等是确定的，但在现实环境中，这些假设往往并不成立。例如，活动工期可能因为资源的短缺、技术问题或外部环境的变化而变化；资源可用性可能因为其他项目的优先级变化而波动；项目的整体进度可能因为外部环境的变化而不得不重新调整。这种不确定性要求项目管理者不仅需要具备灵活的调度能力，还需要掌握适应性强、鲁棒性高的调度策略，以应对各种可能的变化。

面对上述挑战，近年来学术界和工业界在不确定环境下的项目调度问题方面展开了广泛而深入的研究。一些学者提出了各种基于鲁棒性优化、随机优化、模糊理论等方法的调度模型和算法，以应对不确定性的影响。这些方法通过把不确定因素对项目活动的影响纳入考量，来优化项目调度的鲁棒性和适应性，从而提高项目的成功率。然而，尽管已有大量研究成果，项目调度中的不确定性问题仍然是一个复杂而多变的难题，亟待进一步研究和探索。作者所在的课题组近年来围绕不确定环境下的项目资源分配与调度问题深入开展了研究工作，相关研究成果发表在 *European Journal of Operational Research*、*Computers & Operations Research*、*International Journal of Production Research*、*Annals of Operations Research*、《中国管理科学》《系统工程学报》等管理学科国内外高水平学术期刊上，得到了国内外同行的高度认可和评价。本书融合了课题组的代表性研究成果，介绍了不确定环境下的项目资源分配与调度相关数学模型和优化算法，为不确定环境下项目管理领域的研究和实践提供参考和借鉴。

全书由 7 章构成，内容上可分为 5 篇。第 1 篇为问题概述，主要内容为第 1 章，阐述选题背景及研究意义，分别介绍了几类典型的资源受限项目调度问题（RCPSP），对国内外相关研究现状进行了综述分析。第 2 篇聚焦于资源流编码模式下的带有资源转移时间的资源受限项目调度问题（RCPSPTT），主要内容包括：第 2 章，研究了确定条件下的项目调度与资源分配问题，提出了改进禁忌搜索（ITS）和贪心随机自适应禁忌搜索（GRASP-TS）算法来求解问题；第 3 章，对第 2 章研究工作进行拓展，研究了活动工期不确定条件下的项目鲁棒调度与资源分配集成优化方法。第 3 篇聚焦于考虑资源转移成本（RTC）的多目标鲁棒调度问题，主要内容包括：第 4 章，引入开始时间关键度（STC）作为项目的"解"鲁棒性衡量指标，定义了基于资源单元的资源转移决策变量，提出了基于遗传进化的项目调度和资源分配方法；第 5 章，建立了项目调度和资源分配多目标优化模型，分别设计了 NSGA-II 算法、PSA 算法和 ε 约束方法对模型进行求解。第 4 篇将研究视角拓展到多项目管理领域，主要内容为第 6 章，研究了多项目管理的资源专享-转移策略，从时差效用函数视角评价项目调度计划的鲁棒性，在考虑拖期成本-鲁棒性的多目标问题框架下，提出了资源专享-转移视角下的多项目资源分配（战术层）与鲁棒调度（运作层）双层决策优化方法。第 5 篇为研究总结与展望，主要内容为第 7 章，总结本书所取得的研究成果，阐述相应的理论贡献和管理启示，并讨论将来可进一步研究的主要方向。

本书由王建江确定提纲，第 1～3 章和第 7 章由王建江撰写，第 4～5 章由胡雪君撰写，第 6 章由赵雁撰写，陈子鹏参与了第 1 章部分内容的撰写工作及全书的排版和校对工作，何华参与了第 7 章部分内容的撰写工作及全书的校对工作。此外，课题组于冠飞、冯骁、李娇娇、郜茹、高珺卉、李凯、郑雯萱、雷涛、仇浩然、杨凯等同学也参与了部分内容的修改和校对工作，在此一并向他们表示感谢。衷心感谢国防科技大学张维明教授、祝江汉教授、潘晓刚教授、朱承研究员、马满好教授、李耀宇教授，他们悉心的指导和有益的建议使本书得以一步步完善。感谢电子工业出版社的大力支持，感谢参与研究的课题组全体博士研究生和硕士研究生。本书的研究工作得到了国家自然科学基金（72071075）、湖南省科技创新计划（2022RC241）、国防基础科学研究计划（WDZC20235250411）等项目的资助，在此深表感谢。

　　由于作者水平有限，本书许多内容还有待完善和深入研究，不足之处诚望读者批评指正。

目 录

第1章　绪论 1

1.1　RCPSP 2

1.2　RCPSPTT 7

1.3　多项目调度 11

1.4　鲁棒项目调度 12

    1.4.1　鲁棒性衡量指标 15

    1.4.2　鲁棒资源分配方法 17

    1.4.3　时间缓冲方法 18

1.5　本章小结 20

参考文献 20

第2章　RCPSPTT 资源流模型及算法 30

2.1　问题背景 30

2.2　数学模型 31

2.3　求解算法设计 34

    2.3.1　邻域算子 34

    2.3.2　ITS 算法 37

    2.3.3　GRASP-TS 算法 38

2.4　模拟实验分析 39

    2.4.1　实验参数设置 39

    2.4.2　算法性能对比 39

    2.4.3　敏感度分析 40

2.5　本章小结 43

参考文献 43

第 3 章　RCPSPTT 鲁棒调度与资源流网络集成优化 45

3.1　问题背景 45

3.2　问题描述与建模 47

3.3　随机规划模型 49

3.4　ITS 算法 51

3.4.1　编码与解码设计 51

3.4.2　邻域操作 52

3.4.3　ITS 算法流程 54

3.5　RCPSPTT 优化代理模型 55

3.5.1　MinEA 模型 55

3.5.2　MaxPF 模型 55

3.5.3　MinTPC 与 MaxPF 混合优化模型 58

3.6　算例介绍 58

3.7　模拟实验分析 60

3.7.1　实验参数设置 60

3.7.2　实验结果及分析 61

3.8　本章小结 64

参考文献 65

第 4 章　资源转移视角下的 RCPSP 鲁棒资源分配方法 67

4.1　问题描述 67

4.2　模型构建 70

4.3　遗传模拟退火算法 73

4.3.1　编码与解码设计 73

4.3.2　遗传算子设计 74

4.3.3　适应值函数设计 78

4.3.4　GSA 步骤 79

4.4　算法性能分析 80

4.5　案例研究 82

4.6　本章小结 85

参考文献 86

第 5 章　考虑 RTC 的双目标鲁棒资源分配方法 87

5.1　问题描述与建模 87

5.2 求解算法设计 93

    5.2.1 NSGA-II 算法 94

    5.2.2 PSA 算法 96

    5.2.3 ε 约束方法 96

    5.2.4 修复不可行解 97

5.3 模拟实验分析 98

    5.3.1 实验参数设置 98

    5.3.2 算法性能指标 100

    5.3.3 算法性能对比 101

    5.3.4 敏感度分析 102

    5.3.5 转移时间扩展 103

5.4 案例研究 105

5.5 本章小结 108

参考文献 109

第 6 章　资源专享-转移视角下的多项目资源分配与鲁棒调度优化 112

6.1 问题背景 112

6.2 模型构建 114

    6.2.1 基于时差效用函数的鲁棒性指标 114

    6.2.2 双目标 RMPSP-RDT 优化模型 115

6.3 求解算法设计 117

    6.3.1 编/解码设计与种群初始化 118

    6.3.2 ALNS 算法 121

    6.3.3 NSGA-II 算法 124

6.4 模拟实验分析 126

    6.4.1 实验参数设置 126

    6.4.2 算法性能指标 128

    6.4.3 算法性能对比 129

    6.4.4 实验结果及分析 131

6.5 本章小结 134

参考文献 134

第 7 章　总结与展望 137

第 1 章

绪论

　　项目管理在现代经济生活中越来越重要，据统计，全球经济活动中有 30% 采用项目形式执行，涉及年产值约 27 万亿美元（Turner，2009）。在项目管理过程中不可避免地会涉及资源的使用，包括可更新资源（如劳动力、设备）和不可更新资源（如物料、资金）。资源受限项目调度涉及对项目活动所需的资源进行最优分配。具体地说，资源受限项目调度问题（resource-constrained project scheduling problem，RCPSP）涉及优先级和资源约束下的项目活动排期问题。这个计划过程产生了一个基准调度计划，它列出了每个项目活动、每个活动的计划开始和结束时间。近些年，随着经济的发展，资源受限项目调度在生产制造、项目管理等各个领域越来越重要。

　　自 20 世纪 50 年代末以来，项目调度问题一直受到广泛关注，国内外学者开展了大量的研究工作。项目调度领域学术专著包括 Demeulemeester 等的研究成果（2002）、Dorndorf 的研究成果（2002）、Klastorin 的研究成果（2004）、Klein 的研究成果（1999）、Neumann 等的研究成果（2002）、Schwindt 的研究成果（2005）等，项目调度问题综述论文包括 Brucker 等的研究成果（1999）、Hartmann 和 Briskorn 的研究成果（2010）、Herroelen 等的研究成果（1998）、Kolisch 和 Padman 的研究成果（2001）、Özdamar 和 Ulusoy 的研究成果（1995）、Weglarz 等的研究成果（2011）等。近年来，越来越多的项目调度研究成果被成功应用，越来越多的项目调度软件被成功研发，并在实际的项目管理活动中取得了显著成效，如由 Oracle 公司开发、专注于大规模和复杂工程项目——建筑工程的 Primavera P6；阿里巴巴集团旗下开发的支持项目规划、任务分配和进度管理的产品 Teambition。尽管学者和从业人员做出了诸多努力，但依然存在大量的项目因管理不善，执行过程中严重超出项目预算，或者拖延工期，严重超出预定完成时间的现象。

　　在规定的项目预算条件下，确保项目按计划顺利执行、按时交付，似乎极其困难。其中的原因固然有部分项目管理研究人员和从业人员对 RCPSP 缺乏足够的重视，如 Goldratt（1997）认为，"项目调度无关紧要，对项目活动工期的影响非常小"。然而，更重要的原因是项目执行环境中不确定因素的影响。随着市场环境、经济形势的快速发展及项目规模的不断扩大，项目面临的突发情况越来越多样，这导致项目执行过程中的冲突问题层出不穷，如客户需求的改变、资源临时不可获得、截止日期突然提前、恶劣天气的影响等。

传统的项目调度问题专注于在资源和工期已知的前提下，构建出工期最短的基准调度计划。然而，在实际运作中，这种理想化的模式往往面临诸多挑战。一方面，工作环境中难以预测的干扰因素会阻碍项目的顺利进行，甚至导致项目无法按原计划实施；另一方面，当这些不可预见的情况发生时，若计划缺乏灵活性和适应性，便无法及时调整和修复，从而失去其实用价值。随着外部环境的快速变化，按照既定的基准调度计划如期完成工作任务变得愈发困难。因此，近年来，不确定环境下的项目调度问题成为研究的焦点。其中，鲁棒项目调度作为处理这类问题的重要方法，是 RCPSP 的衍生物，属于运筹学中典型的 NP-hard 问题。其目的在于制订一个鲁棒的基准调度计划，从而有效克服传统项目调度方法的局限性。

1.1 RCPSP

RCPSP 研究如何在满足活动优先关系和资源（主要指可更新资源）约束的前提下，制订出满足项目预期目标（如完工时间最短）的基准调度计划，以作为资源分配、活动开工的基础及项目各利益方协调的依据（Chu 和 Xu，2019）。该问题自 20 世纪 60 年代以来得到了广泛研究，学者们针对 RCPSP 及其拓展问题发表了大量文献，出版了诸多学术专著（崔南方等，2015；何正文等，2016；田文迪等，2014；Wang 等，2019）。

常采用活动节点（activity on node，AoN）图描述项目调度问题，有向无环的活动节点图记为 $G=(V,E)$，其中 V 为节点（活动）集合，且 $|V|=J$ 表示共有 J 个活动；源节点 1 和终节点 J 通常表示不消耗时间和资源的虚拟活动。E 为优先关系集合，$(i,j) \in E$ 表示活动 i 与活动 j 之间具有逻辑关系，即活动 i 为活动 j 的紧前活动，同时活动 j 为活动 i 的紧后活动。对于活动集合中剩余的实际活动 j，$j \in J \setminus \{0, n+1\}$，其开始时间为 s_j，活动工期为 d_j，活动 j 的前序活动集合为 P_j，活动 j 的后序活动集合为 S_j。此外，项目还包含 K 种可更新资源，r_{ik} 表示活动 i 在单位执行时间内所需的第 k 种可更新资源的数量，R_k

表示第 k 种资源在单位工期的供应量，A_t 表示在时刻 t 正在进行的活动集合。除此之外，项目约束还需满足以下条件：一旦活动开始，项目便无法再次进行或中断进行，因此，项目的任何部分都必须按照计划进度完成，直至活动最终结束，以此认定为单个活动完成；当一个活动完成之后，另一个活动会随之展开，这种活动的限制就是零时滞。仅将单位时间内可更新资源的总量限制作为活动的考虑对象；各个活动所需的多种资源的单位时间需求量和总供应量已知；目标函数为尽可能地缩短项目工期。据此，Pritsker 等（1969）将基本 RCPSP 模型描述如下：

$$\min f_J \tag{1-1}$$

约束条件：

$$s_i + d_i \leqslant s_j, \ (i,j) \in E, \ i \in P_j, \ i = 1, 2, \cdots, (J-1) \tag{1-2}$$

$$\sum_{j \in A_t} r_{jk} \leqslant R_k, \ k = 1, 2, \cdots, K, \ t = 0, 1, 2, \cdots, f_J \tag{1-3}$$

其中，式（1-1）表示追求项目工期最短的目标函数，代表最后一个活动的结束时间，即项目工期；式（1-2）表示活动之间零时滞的结束–开始型优先关系约束，确保活动 j 的开始时间 s 不早于它的任意一个紧前活动 i 的结束时间；式（1-3）表示在项目进展中的任意一个单位工期 $t\left(t=1,2,\cdots,f_J\right)$ 上，所有正在进行的活动对第 $k\left(k=1,2,\cdots,K\right)$ 种可更新资源的占用总量 $\sum_{j \in A_t} r_{jk}$ 不能超过该种资源的供应量 R_k。

在构建调度问题数学模型方面，Krüger 和 Scholl（2009）以其独特的视角，将研究重点放在资源转移时间上，并且提出一种具有启发性的数学模型，又于 2010 年，进一步探索了资源转移成本，并且根据多种不同的资源，提出了一种混合整数规划模型，以更好地支持项目的有效运行（Krüger 和 Scholl，2010）。他们进一步定义了更高一层资源类别，即将资源传递过程中的资源分为直接被传递的资源和协助资源传递的辅助资源，考虑资源转移成本最小化目标建立了混合整数规划模型。Antoine 等（2022）研究了周期性聚合 RCPSP，通过新的混合整数编程公式和计算实验，提出了解决方案的新理论和实验结果。李鲁波等（2023）针对施工场地的空间干涉型 RCPSP，构建了包含空间资源约束的整数规划模型。刘国山等（2021）的研究从业主与承包商的交互视角出发，构建了一个 RCPSP 的双层优化模型。Lovato 等（2023）针对航空装配线中的重新调度问题，开发了一种基于约束规划的有效模型，通过实验验证了其优化标准的有效性和提高解决方案质量的能力。He 和 Zhang（2022）考虑了电力系统在时变电价情况下的 RCPSP，提出了一个双目标混合整数非线性规划模型，并通过改进的 NSGA-II 算法有效求解模型。

RCPSP 属于 NP-hard 问题，为了对其进行有效求解，学者们提出了多种精确和启发式算法（胡雪君等，2020；陈俊杰等，2020；于静等，2015）。

在精确算法求解方面，Alireza 等（2022）提出了一种前向-后向松弛算法，通过 CPLEX 优化软件生成和优化调度计划，有效求解了 RCPSP。黄志彬和许燕青（2023）基于列生成算法研究了一类云平台 RCPSP。他们建立了资源库调度模型，并开发了一种基于列生成算法来解决云平台 RCPSP。通过与拉格朗日技术、数字优化技术和自适应遗传算法等进行比较，结果显示该方法在解决问题上具有明显优势，验证了其有效性。Guo 等（2023）提出了一个预测模型，用于为 RCPSP 中的分支定界程序排名，通过结构化预测方法映射项目指标到配置的全排列，旨在为解决中小型问题提供首选配置。

启发式算法在求解 RCPSP 中具有广泛的运用，主要可以分为遗传算法、模拟退火算法、基于搜索的算法（如禁忌搜索算法、局部搜索算法）、基于群体智能的算法（如粒子群算法、蚁群算法）等。

在遗传算法领域，Wang 等（2015）利用遗传算法和不确定串行调度生成方案的混合智能算法，构建了一种新的不确定模型，以更好地处理活动持续时间不确定的情况。Liu 等（2023c）提出了一种晚期移动遗传算法，把"1+1"进化策略整合进遗传算法框架，旨在优化 RCPSP 的求解质量和降低偏差值。Aleksandr 等（2023）探索了一个扩展问题——多合同商、多资源受限项目调度问题（MC-MRCPSP），提出了一种结合遗传算法和禁忌搜索算法的混合算法，以达到解空间的最优探索和利用平衡。Saeed 等（2022）引入了一种混合投影方法来处理不确定环境下的 RCPSP，通过群体决策和遗传算法结合振动搜索策略，解决了活动持续时间可变的问题。李鲁波等（2023）针对施工场地的空间干涉型 RCPSP，设计出基于空间资源布局算法的修正调度计划生成机制，将其作为解码策略嵌入遗传进化过程，形成求解模型的混合遗传算法。刘国山等（2021）使用基于时间窗延迟的嵌套式自适应遗传算法求解模型，旨在实现双方净现值（NPV）的最大化。Milat 等（2022）利用定制的进化算法生成具有时间浮动的弹性基准调度计划，以抵御不确定性的负面影响，提高建筑项目的调度弹性。

对于模拟退火算法求解，Bouleimen 和 Lecocq（2003）提出的一种新的模拟退火算法，可以有效地替代传统的搜索算法，以解决 RCPSP 和 MRCPSP，并且能够有效地改善求解效果。除此之外，这种算法还可以有效地提高项目调度的效率。何一丹等（2022）在其研究中探讨了共享经济环境下的多项目资源约束 Max-NPV 调度优化问题。他们构建了一个非线性整数规划优化模型，并设计了一种模拟退火启发式算法以解决这一问题。

在调度问题的搜索算法领域，Poppenborg 和 Knust（2016）提出的禁忌搜索算法可以有效地解决 RCPSPTT。Cai 等（2023）关注灾难信息收集任务中的反应式决策支持，提出了一个特定问题的并行帕累托局部搜索算法，以优化任务执行的时间、质量和成本。Séverine 和 Tayou（2022）提出了一种用于累积资源约束的横向弹性边缘搜索算法，通过改进数据结构 Profile 来增强其过滤能力。

在群体智能算法求解领域，Chen（2023）研究了科技创新环境下的紧急资源配置问题，通过改进粒子群算法来解决资源分配难题，提高研发和生产水平。李斌和黄起彬（2023）提出了一种两阶段帝国竞争算法（imperialist competitive algorithm，ICA）来求解 RCPSP。他们基于由关键路径法得到的组块提取策略，提出两种分别用于种群多样性开发和高效收敛的同化算子，通过在不同阶段选择合适的同化算子实现两阶段演化框架的构建。田宝峰等（2024）对传统的关键链方法进行了拓展和创新，解决了由插入输入缓冲引起的二次资源冲突问题，并提出了基于局部重调度的消除策略，构建了双目标优化模型，同时考虑项目工期和调度计划的鲁棒性，设计了混合差分进化算法以求解模型。

此外，近些年一些学者采用多智能体，结合强化学习算法进行求解。He 等（2022）提出了一种针对多项目计划与调度的多智能体方法，通过建立一个分层的多智能体系统以集成方式处理资源计划和调度决策，有效应对共享资源和非常规资源的优化问题。Piotr 和 Ewa（2022）运用多智能体系统解决多技能资源受限项目调度问题（MS-RCPSP），通过 A-Team 多智能体系统找到了优化解。Wang 等（2022）基于深度强化学习提出了一种动态选择优先规则方法来应对 RCPSP 的再调度，通过离线学习和在线适应阶段的结合，实现了规则的自适应选择。

一些学者专注于 MS-RCPSP。Myszkowski 和 Laszczyk（2022）的研究重新定义 MS-RCPSP 为一个多目标优化问题，使之更加贴近实际应用。胡振涛和崔南方（2023）关注多技能资源能力不均衡环境下的项目调度问题。他们设计了两阶段算法来求解不确定环境下的鲁棒调度计划。模拟实验表明，该算法在不同风险水平和不同规模的项目算例中均显示出较高的鲁棒性。马咏等（2021）的研究关注不确定环境下柔性资源约束的前摄性项目调度问题。在实际项目管理中，资源的多技能特性和不确定环境对于制订高鲁棒性调度计划至关重要。该研究的目标是优化项目调度，确保在资源受限和不确定性条件下，项目能够稳定实施。

一些学者用其独特的视角解读 RCPSP。Rob 和 Mario（2022）提出了一个新的理论框架来评估 RCPSP 的实例复杂性，独立于解决方案算法，有助于深入理解实例复杂性的驱动因素。Rahman 等（2022）探讨了制造项目中的能效项目调度与供应商选择问题，提出了一种创新方法以提升制造项目的绿色能效。Miquel 等（2022）介绍了样本分析机器调度问题（SAMSP），并将其视为一种特殊的 RCPSP，通过优化技术成功应用于解决实际行业问题。王艳婷和何正文（2023）则关注突发事件应急救援中的资源随机中断问题。他们采用前摄性项目调度方法制订鲁棒性水平较高的基准调度计划，并在事故发生后借助反应性项目调度方法随时针对环境变化采取恰当的处置策略做出快速有效的应急响应，以减小事故进一步扩散的风险。刘国山和林新宇（2022）的研究则关注柔性工期下的资源受限项目调度双目标优化问题，提出了一种工期-成本双目标权衡优化模型，并设计了一个两阶段嵌套算法（NSGA-II-RS）来求解该模型。

表 1-1 所示为部分学者的研究策略和方法，表 1-2 所示为其他视角下的研究工作。

表 1-1　部分学者的研究策略和方法

算法分类	参考文献	具体方法
精确求解算法	Alireza 等（2022）	前向-后向松弛算法
	黄志彬和许燕青（2023）	列生成算法
	Guo 等（2023）	改进分支定界算法
遗传算法	Wang 等（2015）	遗传算法+不确定串行调度生成方案
	Liu 等（2023c）	晚期移动遗传算法
	Aleksandr 等（2023）	遗传算法+禁忌搜索算法
	Saeed 等（2022）	遗传算法+群体决策
	刘国山等（2021）	基于时间窗延迟的嵌套式自适应遗传算法
群体智能算法	Chen（2023）	改进粒子群算法
	田宝峰等（2024）	混合差分进化算法
基于搜索的算法	Poppenborg 和 Knust（2016）	禁忌搜索算法
	Cai 等（2023）	并行帕累托局部搜索算法
	Séverine 和 Tayou（2022）	横向弹性边缘搜索算法
其他启发式算法	Bouleimen 和 Lecocq（2003）	模拟退火算法
强化学习算法	He 等（2022）	分层的多智能体系统
	Piotr 和 Ewa（2022）	A-Team 多智能体系统
	Wang 等（2022）	动态选择优先规则方法

表 1-2　其他视角下的研究工作

研究视角	参考文献	研究重点
MS-RCPSP	Myszkowski 和 Laszczyk（2022）	定义多目标优化问题
	胡振涛和崔南方（2023）	不确定环境下的鲁棒调度
不确定环境	马咏等（2021）	柔性资源约束前摄性项目调度
突发应急环境	王艳婷和何正文（2023）	前摄性项目调度
复杂性评估	Rob 和 Mario（2022）	理论框架评估系统

综上所述，针对 RCPSP，特别是关键链项目调度优化、鲁棒优化方法及基于云平台的 RCPSP 等方面，学者进行了广泛而深入的研究。国内外在 RCPSP 领域的研究正逐步深入，不仅注重问题的理论研究，还强调算法的实际应用效果，展现出良好的研究态势和发展潜力。

1.2　RCPSPTT

传统 RCPSP 研究一般假设资源在活动之间转移不需要时间，但是这一假设通常与实际情形不符。在现实中，有限的资源在项目活动节点间传输往往需要消耗一定的转移时间（transfer time），如建筑工程项目中重型机械设备（起重机等）从一个位置移动到另一个位置需要移动和调试时间。此外，当资源必须根据活动内容进行调整时也需要相应的准备时间，如机器生产不同的产品时需要进行清洗、IT 项目中人力资源往往需要时间熟悉新工作等（Mika 等，2008；Krüger 和 Scholl，2009）。此类问题统称为带有资源转移时间的 RCPSP（RCPSP with transfer time，RCPSPTT），该问题通常以项目工期最短为优化目标。

RCPSPTT 描述如下：该项目包含 J 个活动，记为 $J=\{1,2,\cdots,n\}$，其中活动 1 和活动 n 为虚拟活动。每个活动 $j\in J$ 需要使用 K 种不同的资源，资源类别集合记为 K，第 k（$k\in\{1,2,\cdots,K\}$）种资源的供应量为 R_k。时间离散化，时间集合记为 T，$t\in T$ 表示离散的时间点。假设在时间点 0，所有资源都存放在虚拟活动 1 处，当项目完成时，资源存放至虚拟活动 n 处。活动之间具有时序约束关系，资源从活动 i 转移到活动 j 需要一定的资源转移时间 Δ_{ijk}。对于另一活动 h，假设资源转移时间满足三角形规则，即 $\Delta_{ijk}\leqslant\Delta_{ihk}+\Delta_{hjk}$，表示资源从活动 i 直接转移到活动 j 的时间最短。项目的目标是通过最优调度，以最小化项目工期。

RCPSPTT 的数学模型如下。

目标函数：

$$\min F_n \tag{1-4}$$

约束条件：

$$\sum_{t=0}^{T-d_j} f_{jt} = 1, \quad \forall j \in J \tag{1-5}$$

$$F_j = \sum_{t=0}^{T-d_j} (t + d_j) \times f_{jt}, \quad \forall j \in J \tag{1-6}$$

$$F_j - F_i \geqslant d_j, \quad \forall j \in J, \quad \forall i \in JP_j \tag{1-7}$$

$$F_i + \Delta_{ijk} + d_j \leqslant F_j + M \times (1 - z_{ijk}), \quad \forall j \in J, \quad \forall i \in JP_j, \quad \forall k \in K \tag{1-8}$$

$$x_{ijk} \leqslant z_{ijk} \times \min\{r_{ik}, r_{jk}\}, \quad \forall j \in J, \quad \forall i \in JP_j, \quad \forall k \in K \tag{1-9}$$

$$z_{ijk} \leqslant x_{ijk}, \quad \forall j \in J, \quad \forall i \in JP_j, \quad \forall k \in K \tag{1-10}$$

$$\sum_{i \in JP_j} x_{ijk} = r_{jk}, \quad \forall j \in J, \quad \forall k \in K \tag{1-11}$$

$$\sum_{j \in JS_i} x_{ijk} = r_{ik}, \quad \forall i \in J, \quad \forall k \in K \tag{1-12}$$

$$\sum_{j=1}^{n} \sum_{\tau=t}^{t+d_j} r_{jk} \times f_{j\tau} \leqslant R_k, \quad \forall t \in T, \quad \forall k \in K \tag{1-13}$$

$$f_{jt} \in \{0,1\}, \ z_{ijk} \in \{0,1\}, \ x_{ijk} \geqslant 0, \ \forall t \in T, \ \forall k \in K, \ \forall j \in J, \ \forall i \in J \tag{1-14}$$

式（1-4）～式（1-14）中的符号及变量定义如下：J 是活动集合，K 是资源类别集合，R_k 是资源 k 的供应量，T 是时间集合，P_j 是活动 j 的直接前序活动集合，JP_j 是自身资源可供活动 j 使用的活动集合，$JP_j = J - \{j\} - S_j^*$，S_j^* 是活动 j 的直接与间接后序活动集合，JS_j 是使用活动 j 资源的活动集合，$JS_j = J - \{j\} - A_j^*$，A_j^* 是活动 j 的直接与间接前序活动集合，Δ_{ijk} 是资源 k 从活动 i 转移到活动 j 的转移时间，F_j 是活动 j 的完成时间，d_j 是活动 j 的作业时间，r_{jk} 是活动 j 所需资源 k 的数量，M 是无穷大的参数。f_{jt}, z_{ijk}, x_{ijk} 是决策变量，如果活动 j 在时间点 t 开始，则 f_{jt} 为 1，否则为 0；如果资源 k 从活动 i 转移至活动 j，则 z_{ijk} 为 1，否则为 0；x_{ijk} 为从活动 i 转移至活动 j 的资源 k 的数量。

式（1-4）为目标函数，表示项目工期最小化；式（1-5）表示活动只能在一个时间点开始；式（1-6）表示活动的完成时间与决策变量 f_{jt} 的关系；式（1-7）表示活动间的关系，在任意活动完成前，其紧后活动不可开始；式（1-8）表示活动开始时间与资源转移时间的关系；式（1-9）表示资源转移数量不得超出活动所需数量；式（1-10）约束决策变量 x_{ijk} 与 z_{ijk} 之间的关系；式（1-11）表示所有转入的资源量等于活动所需资源量；式（1-12）表示所有转出的资源量等于项目所拥有的资源量；式（1-13）表示任意时刻所有活动所使用的资源量不得超出资源的总供应量；式（1-14）定义了决策变量的可行域。

下面以一个由 $n = 5$ 个活动组成的项目为例,其工序约束为 $1 \rightarrow 2$、$1 \rightarrow 5$、$3 \rightarrow 4$ 和 $4 \rightarrow 5$,如图 1-1 所示。此外,还有 $K = 2$,供应量为 $R_1 = 4$ 和 $R_2 = 3$ 的可更新资源。表 1-3 给出了活动的执行时间 p_i 和资源需求量 r_{ik} 及资源转移时间 Δ_{ijk}。假设 $\Delta_{0jk} = \Delta_{i,n+1,k} = 0$ 适用于涉及虚拟活动的所有资源转移时间。

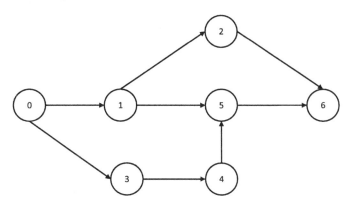

图 1-1 示例的工序约束有向图

表 1-3 示例数据表

i	p_i	r_{i1}	r_{i2}		
1	2	2	2		
2	3	1	2		
3	1	1	0		
4	1	2	1		
5	2	0	3		
资源 1 转移时间 Δ_{ij1}		j			
		1	**2**	**3**	**4**	**5**
i	**1**	0	2	2	3	2
	2	2	0	3	2	2
	3	2	3	0	2	2
	4	3	2	2	0	2
	5	2	2	2	2	0
资源 2 转移时间 Δ_{ij2}		j			
		1	**2**	**3**	**4**	**5**
i	**1**	0	2	1	2	3
	2	2	0	2	3	2
	3	1	2	0	2	2
	4	2	3	2	0	2
	5	3	2	2	2	0

图 1-2 显示了 makespan（项目工期）=15 的可行进度安排图。

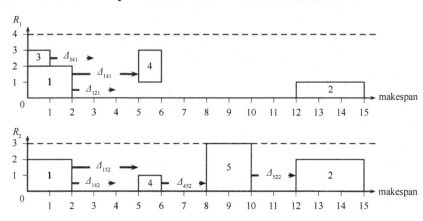

图 1-2　示例的可行进度安排图

RCPSP 可以看作资源转移时间为 0 的 RCPSPTT 特例，因此不难证明，RCPSPTT 同样是 NP-hard 问题（陆志强和刘欣仪，2018；Krüger 和 Scholl，2009）。目前，针对 RCPSPTT，只有极少数文献进行了研究。Mika 等（2008）对资源准备时间进行了分类，以项目工期最短为目标建立了多模式 RCPSPTT 优化模型，设计了一种禁忌搜索求解算法。Krüger 和 Scholl（2009）针对带有资源转移时间的多项目调度问题，提出了基于活动列表的串行和并行启发式调度算法，同时提出了一种遗传算法来求解问题以获得最优活动列表，目标是最小化多项目总工期或项目平均工期。Poppenborg 和 Knust（2016）针对 RCPSPTT 设计了一种禁忌搜索算法，采用资源流编码方式对调度计划进行描述，提出了基于串行和并行资源弧生成机制的资源流邻域算子，并从理论分析和模拟实验两个角度证明了所提模型和算法的有效性。Kadri 和 Boctor（2018）提出新的遗传算法求解 RCPSPTT，采用双点交叉和概率变异生成邻域解。魏光艳和叶春明（2023）研究了考虑工人和工件在机器间转移时间的多目标双资源柔性作业车间节能调度问题，建立了一个以最小化最大完工时间、总能耗、总工人成本和最大化工人工作量为优化目标的数学模型，并提出了一种多目标混合进化算法（MO-HEATS）来求解此模型。Cui 等（2024）研究了带有时间变化的多层网络流行病模型，模型涉及单一病毒和多病毒竞争设置，考虑了疾病通过不同媒介的传播，使用资源来指代任意病毒传播的媒介。Liu 等（2023b）提出了一种分支定界算法来解决单供应量资源限制和涉及资源转移时间的项目调度问题，通过设计有效的支配规则来加速分支定界树的探索。Ma 等（2022）研究了在不确定环境下带有资源转移时间的主动 RCPSP,开发了一种遗传算法来生成在项目执行期间尽可能鲁棒的基准调度计划。Liu 等（2023a）提出了一种树搜索启发式算法来解决 RCPSP,该算法考虑了资源在活动之间转移所需的时间,通过改进的串行调度计划和新的下界来优化调度。刘婉君等（2022）探讨了基于拍卖机制的资源转移时间型动态分布式多项目调度问题,通过设计一种基于时间窗拍卖机制的分布式多代理系统来为多项目配置全局资源。郭立娟（2019）研究了基于转移时间-转移成本的资源受限多项目调度优化问题,提出了一种改进的遗传算法来求解,同时考虑了资源转移时间和转移成本。朱宏伟和陆志强（2019）研究了考虑资源转移时间的项目可拆分资源受限多项目调度问题,以最小化项目工期为目标建立了问题的数学模型,并提出了双层循环迭代算法来解决此问题。

陆志强和刘欣仪（2018）及 Ren 等（2020）提出了一种内嵌分支定界寻优搜索的遗传算法,基于活动绝对顺序设计了一种适应算法结构的编码策略。Cai 等（2020）针对带有资源转移时间的多技能 RCPSP 开展研究,考虑资源技能的不确定性建立了一个鲁棒优化模型,提出了一种新的遗传算法求解模型。此外,Adhau 等（2013）及宗砚等（2011）还针对多项目环境下带有资源转移时间的项目调度问题展开了研究。宗砚等（2011）以多项目总工期及各个项目工期的加权和最小为优化目标,提出了一种改进的遗传算法来求解多项目RCPSPTT。

1.3　多项目调度

多项目（multiple projects/multi-project）指的是在同一个时间框架内推进的多个项目,它们可能在规模、优先级,以及发展阶段上存在差异,但需要共用一套有限的资源。多项目也经常被称为项目组合（portfolio）。项目群也称作项目集合,是一个由多个相互关联的项目组成的集合,它们共同追求组织的整体利益,并通过综合管理和协调来实现（Turner, 2009）,而当这些项目被单独管理时,它们之间的相互依赖关系可能会影响到组织的整体利益,使整体利益无法得到充分保障（Lycett 等, 2004）。

与单一项目管理相比,管理多个项目更加具有挑战,并且伴随着更高的失败风险（Gutjahr, 2015）; Van Der Merwe（1997）强调,多项目管理面临的主要风险之一是项目间缺乏有效的协调和控制。Fricke 和 Shenhar（2000）的研究证实了资源管理在多项目管理中的重要性,它与单一项目管理有着显著的区别。Engwall 和 Jerbrant（2003）通过案例分析发现，在多项目管理中，资源分配是一个重大挑战，因为不同项目之间存在资源竞争和潜在的冲突。这涉及多项目管理中资源调度的核心问题。如果将环境的动态性纳入考量，则由于项目间的竞争，不确定性会进一步增加，使多项目管理的难度进一步加大（Eskerod，1996）。因此，在面对这种动态和复杂的环境时，需要对项目进行系统性的思考和规划（Yeo，1993）。

鉴于多项目管理的复杂性，不难看出为何关于单项目调度的文献众多，而关于多项目调度的研究相对较少（Herroelen，2005）。何华等人研究了在全局资源和本地资源双重约束下的多项目调度，赵岩等人探讨了基于资源专用-转移策略下的鲁棒多项目调度问题。在多项目调度的优化算法方面，现有文献多采用启发式和元启发式算法，如禁忌搜索算法（He 等，2023）、遗传算法（Bredael 和 Vanhoucke，2024）、变邻域搜索算法（张豪华和白思俊，2024）等，这些算法旨在找到最优或近似最优的调度计划，以最大化净现值或最小化总工期等。一些研究针对特殊的多项目调度问题提供了解决方案，如考虑项目的动态到达（张豪华和白思俊，2024）、考虑活动持续时间的不确定性（Satic 等，2024），以及提升工作人员技能的多技能调度问题（Mozhdehi 等，2024）。关键链方法作为一种项目管理技术，也被应用于多项目调度中。别黎等（2013）研究了分散式能力约束缓冲设置法，以优化多项目的总体进度。多项目调度的研究不仅局限于理论模型和算法开发，还关注其在实际环境中的应用。例如，李俊亭和杨睿娟（2013）考虑了人的行为因素对多项目调度计划的影响，并提出了相应的优化模型和算法。

鉴于上述讨论，本书致力于对项目调度进行深入研究，旨在不仅涵盖单一项目的调度问题，也特别针对多项目调度的特定需求，开发相应的数学模型和求解策略。我们的目标是通过这些研究，为提高项目管理的效率和效果做出实质性的贡献。

1.4　鲁棒项目调度

前面研究的项目调度问题大多在确定条件下开展，且大都以项目工期最短为优化目标，不能适应复杂环境中不确定性对项目的规划和调度提出的高要求。鲁棒项目调度作为解决不确定条件下项目调度问题的有效方法，近些年来受到了学者们的广泛关注（崔南方等，2015；何正文等，2016；马咏等，2020；崔南方和梁洋洋，2018；张静文等，2018；王伟鑫等，2016）。该方法在充分挖掘和利用不确定信息的基础上，主动采取一些必要措施，生成"受到保护的"、抗干扰能力强的前摄式调度计划，使不确定因素对项目执行的影响最小化。此外，由于市场环境快速变化，现代项目所涉及的不确定因素日益增多，如员工缺勤、机器故障、活动时间估计不准确等（田文迪等，2014）。这些不确定因素一般可转化为活动工期的变动，扰乱多项目调度计划的按计划执行，导致项目群不能按时完工、费用增加等一系列后果。特别是针对多项目间存在资源转移的情况，调度计划对抗不确定性的能力更差，因此需要考虑不确定性的影响，构建抗干扰能力强的多项目调度计划（Wang 等，2019）。

项目调度领域处理不确定性的方法通常有三类，即随机规划、鲁棒性优化和鲁棒项目调度。随机规划强依赖于不确定参数的确切概率分布信息，因此管理实践中适用性有限。鲁棒性优化面向最坏情形进行，不依赖于概率分布，但方法保守，求解性能不高。鲁棒项目调度通过前摄式调度生成"受到保护的"、抗干扰能力强的基准调度计划，为资源分配、物料采购等决策提供支持，并在发生干扰时通过反应式调度对基准调度计划进行修复和改进，在保证调度计划可行的同时对调度性能进行优化。

鲁棒性（robustness）是指系统存在不确定性时仍能够保持正常工作的特性（Van de Vonder 等，2005）。鲁棒调度在各行各业有着广泛的应用，如学术上的鲁棒车间调度、鲁棒并行机调度及机器人智能调度等（李洪波和徐哲，2014；田文迪，2011）。鲁棒调度也常被应用于许多工程领域，如收割调度、航行排程调度、水资源应用及化学工程等（王勇胜和梁昌勇，2009）。

鲁棒项目调度作为解决不确定环境下项目调度问题的有效方法，已经成为国内外研究领域的热点（Kouvelis 和 Yu，1997）。它通常采用前摄式调度（proactive scheduling）或反应式调度（reactive scheduling）制订抗干扰能力强的调度计划来应对项目执行过程中的各种不确定性（Herroelen 和 Leus，2005a；田文迪，2011）。前摄式调度发生在计划的制订阶段，它在制订调度计划时，提前评估项目执行过程中的相关风险和各种不确定性，主动采取一些必要措施，生成抗干扰能力较强的预应式调度计划；反应式调度发生在调度计划的执行阶段，它在项目执行过程中针对不确定性的干扰，对调度计划进行修复或重新制订新的调度计划（Demeulemeester 和 Herroelen，2014）。现有研究中大多采用三阶段方法来解决鲁棒项目调度问题：第一阶段，构建一个满足工序约束和资源约束的基准调度计划；第二阶段，通过鲁棒资源分配或时间缓冲管理构建预应式项目调度计划来保护基准调度计划，使其免受项目执行过程中各种突发情况的干扰；第三阶段，当项目在实际执行过程中与基准调度计划发生偏离时采用反应式调度进行修复（Demeulemeester 和 Herroelen，2014）。

对于随机资源受限项目调度问题（SRCPSP），Herroelen 等（1998）的分类方案中将其表示为问题 $m,1|\text{cpm},D_i|E[C_{\max}]$，其中 D_i 代表每个非虚拟活动的持续时间，是一个随机变量。随机向量 $(D_2,D_3,\cdots,D_{n-1})$ 表示为 $\boldsymbol{D}$。每个 D_i 的分布可以使用历史数据进行拟合，或者在没有这些数据的情况下，根据专家判断进行拟合。如上所述，可以通过逐步识别和量化不同的不确定性来源来直接估计分布。根据 Igelmund 和 Radermacher（1983a；1983b）及 Möhring 等（1984；1985）给出的定义，调度策略 $\varPi$ 在时间点 $t=0$（项目开始时间）和项目完工时间做出决策。在时间点 t 的决策是在时间点 t 开始一组工序和资源可行的活动 $S(t)$，仅利用时间点 t 之前可用的信息。一旦活动完成，活动持续时间就是已知的，从而产生随机向量 $\boldsymbol{D}$ 的实现（样本、场景）$\boldsymbol{d}$。对于给定的场景 $\boldsymbol{d}$ 和策略 $\varPi$，项目工期 $C_{\max}^{\varPi}(\boldsymbol{d})$ 是生成的进度 makespan。SRCPSP 的目标是选择在特定调度策略类中最小化 $E(C_{\max}^{\varPi}(\boldsymbol{d}))$ 的策略 $\varPi^*$。

学者提出了各种类型的调度策略：

- 优先级策略（resource-based policies）（Graham，1969）；
- 紧前开始策略（ES-policies）（Radermacher，1985）；
- 预选性策略（PR-policies）（Möhring 和 Stork，2000）；
- 线性预选性策略（LIN policies）；
- 基于活动的策略（AB policies）（Stork，2001）；
- 预处理策略（PP policies）（Ashtiani 等，2011）。

关于描述鲁棒性的资源分配问题模型，对于活动开始时间为 $s_1,s_2,\cdots,s_n$ 的给定项目基准调度计划 S^B，我们希望生成从活动 i（完成时）到活动 j（开始时）的资源类型为 k 的资源流 f_{ijk}，以便最大限度地提高基准调度计划的鲁棒性。问题可以正式表述如下：

$$\min\sum_{j=1}^{n}w_j E(S_j-s_j) \tag{1-15}$$

约束条件：

$$\sum_{j=2}^{n-1}f_{1jk}=\sum_{j=2}^{n-1}f_{jnk}=a_k^{\rho},\quad \forall k\in K^{\rho} \tag{1-16}$$

$$\sum_{j=2}^{n-1}f_{ijk}=\sum_{j=2}^{n-1}f_{jik}=r_{ik}^{\rho},\quad i=2,3,\cdots,n-1;\quad \forall k\in K^{\rho} \tag{1-17}$$

$$S_1=0 \tag{1-18}$$

$$S_j = \max\left(s_j, \max_{i \in \text{Pred}_j}(S_i + D_i)\right), \quad j = 2, 3, \cdots, n \qquad (1\text{-}19)$$

$$f_{ijk} \in N, \quad i = 2, 3, \cdots, n-1; \quad j = 2, 3, \cdots, n-1; \quad \forall k \in K^\rho \qquad (1\text{-}20)$$

目标函数（1-15）是最小化活动计划开始时间和实际开始时间之间的加权预期偏差。式（1-16）是始末活动资源转移可行性约束，它施加了 a_k^ρ 个资源类型 k 单位的转移（离开虚拟开始活动 1 并进入虚拟结束活动 n）。式（1-17）是中间活动资源转移可行性约束，迫使项目活动在实际完成时释放它们在开始时收到的资源。式（1-18）指定时间点 0 作为虚拟开始活动的开始时间。式（1-19）指定了时刻表（railway）调度策略：S_j，活动 j 的实际开始时间应等于基准调度计划中活动计划开始时间的最大值和网络 $G(N, A \bigcup A_R)$ 中活动 j 的前身 Pred_j 的最大完成时间，其中 N 表示活动集合，A 表示优先弧集合，A_R 表示资源弧集合。式（1-20）限制变量为整数。

针对项目执行过程中的各种不确定性，鲁棒项目调度的研究主要集中在活动工期不确定和资源不确定两方面。活动工期不确定是指活动实际工期或长于或短于活动计划工期；资源不确定包括资源的供应量不确定、原材料不能按期到达及活动的资源需求量不确定等。国内外学者针对鲁棒项目调度展开了系统性研究，并取得了大量的研究成果。Herroelen 和 Leus（2004a）、Van de Vonder 等（2007）对现有鲁棒项目调度算法进行了归纳，介绍了三种构建预应式调度计划的方法和三种构建反应式调度计划的方法。王勇胜和梁昌勇（2009）以资源受限的鲁棒项目调度的度量方式为主线，对该问题的相关文献进行了研究综述。此外，胡雪君等（2020）和 Wang 等（2020）考虑资源转移成本建立了鲁棒资源分配优化模型，不同于以往研究均采用基于活动的资源流描述，他们定义了基于资源的二元决策变量，以表示资源在活动间的转移次序。田文迪等（2014）将鲁棒项目调度的相关文献按其阶段性策略分为预应式调度与反应式调度两大类，从活动工期不确定和资源不确定两个角度对鲁棒项目调度的研究进行了全面的综述和分析。李洪波和徐哲（2014）概述了鲁棒项目调度问题的研究背景及研究框架，并综述预应式调度和反应式调度的模型构建与解决方法，最后指出了鲁棒项目调度的未来研究方向。

1.4.1 鲁棒性衡量指标

学术界将项目调度的鲁棒性分为"质"鲁棒性（quality robustness）和"解"鲁棒性（solution robustness）两种："质"鲁棒性是指基准调度计划对应的目标函数值（如项目工期、项目按时完工率、项目净现值等）对干扰因素的不敏感性，又称为完工鲁棒性；"解"鲁棒性是指基准调度计划与实际调度计划之间的差别大小，也称为计划鲁棒性/稳定性（崔南方等，2015；Deblaere 等，2011；张静文和刘耕涛，2015；王伟鑫等，2016）。此外，还有复合鲁棒性衡量指标（Demeulemeester 等，2011）。

1）"质"鲁棒性

"质"鲁棒性的目标是针对项目执行过程中的各种不确定性因素，制订抗干扰能力较强的基准调度计划，使项目的目标函数值对产生的干扰不敏感，即目标函数值不会变坏（Herroelen 和 Leus，2004c；Van de Vonder 等，2006）。"质"鲁棒性常采用调度计划对应的目标函数的期望值来衡量，如项目工期、项目成本及项目净现值等。"质"鲁棒性还可以采用服务水平来衡量，如 Herroelen 和 Leus（2001）采用项目实际完工时间和计划完工时间的偏离百分比来衡量调度计划的"质"鲁棒性（Van de Vonder 等，2005）。Tian 和 Demeulemeester（2010；2013）采用按时完工率（timely project completion probability，TPCP）作为"质"鲁棒性衡量指标，即 $\max\left(\mathrm{Pr}\left(S_{n+1} \leqslant \delta_{n+1}\right)\right)$，其中 S_{n+1} 代表项目虚拟完工活动的实际完成时间（项目的完工时间），δ_{n+1} 为项目的截止工期。

2）"解"鲁棒性

"解"鲁棒性是指调度计划的稳定性。项目的基准调度计划是活动执行、资源分配及客户协调的依据。如果项目在执行过程中与基准调度计划发生偏离，则会产生财务成本、库存成本和组织协调成本等（Leus，2004）。为应对项目执行出现的偏差，管理者需要不停地调整和变更调度计划。这会大大降低基准调度计划的指导价值，还会造成项目执行的混乱，甚至使基准调度计划变得不可行。因此，相对于项目执行过程中不停地再调度，管理者希望项目尽可能按原计划执行，即调度计划具有"解"鲁棒性。"解"鲁棒性通常采用实际调度计划与基准调度计划的偏离程度来体现，如时差、各活动的实际开始时间偏离计划开始时间的程度等。

Shahsavar 等（2010）采用项目基准调度计划和实际调度计划之间的最大差异作为调度计划的"解"鲁棒性衡量指标。Herroelen 和 Leus（2004b）提出采用所有活动实际开始时间偏离计划开始时间的权重和来度量调度计划的"解"鲁棒性。

RCPSP 的优化模型具有强 NP-hard 属性，考虑了不确定性的鲁棒项目调度问题作为 RCPSP 的延伸，求解难度更大。Herroelen 和 Leus（2005a）证明了上述问题属于 NP-hard 问题，需要采用仿真的方式求解，并且目标函数

$\sum\limits_{i\in N} w_i \left| S_i^R - S_i \right|$ 依赖仿真算法的设计和仿真环境的设置，度量方式比较困难（Liberatore 等，2001；Dodin，2006）。

3）复合鲁棒性

以上的鲁棒性衡量指标都是单鲁棒性衡量指标，有学者同时考虑了"解"鲁棒性和"质"鲁棒性，构建了复合鲁棒性衡量指标。Van de Vonder 等（2008）采用项目的按时完工率最大化和稳定性成本最小化两个目标函数构建复合鲁棒性衡量指标，具体计算见下述公式。

$$F\left[\Pr\left(S_{n+1} \le \delta_{n+1} \right), \sum_i w_i E \left| S_i^R - S_i \right| \right]$$

式中，S_i^R 表示实际调度计划开始时间；S_i 表示基准调度计划开始时间。公式同时包含了"解"鲁棒性和"质"鲁棒性。在复合鲁棒性目标函数 $F\left[\Pr\left(S_{n+1} \le \delta_{n+1} \right), \sum_i w_i E \left| S_i^R - S_i \right| \right]$ 中，如果无法获得两个衡量指标的相对重要程度及反映项目管理者对两个衡量指标的偏好程度的线性组合，则只能采用仿真的方式进行处理。

针对复合鲁棒性的研究，Al-Fawzana 和 Haouari（2005）建立了双目标优化模型，即最小化项目工期和最大化自由时差之和。庞南生和孟俊姣（2012）构建了项目工期最短（"质"鲁棒性最大）和自由时差与项目工期的比值最大（"解"鲁棒性最大）的双鲁棒性优化模型，并设计模拟退火算法求解上述模型。崔南方等（2015）为使项目既能按时完工又能按计划执行以减少成本，提出了双目标鲁棒性调度模型，并结合模拟退火和禁忌搜索算法设计了两阶段智能算法进行求解。

1.4.2 鲁棒资源分配方法

鲁棒资源分配通过对资源进行合理、有效的分配来提高调度计划的鲁棒性。针对该问题的研究主要集中在模型的构建和资源流网络的优化上。Artigues 等（2003）采用简单的并行调度机制构建可行的资源流网络，但并未考虑调度计划的鲁棒性；Leus（2004）和 Herroelen（2007）为保护基准调度计划不受活动工期变动的影响，设计了资源流网络模型，并采用分支定界法解决了该问题，但只针对单资源小规模问题。Deblaere 等（2007）提出了三种基于整数规划的启发式算法（MinEA、MaxPF 和 MinED）生成资源流网络，这三种算法有不同的目标函数：MinEA 最小化由资源分配引起的额外弧的数量；MaxPF 最大化项目活动间成对出现的自由时差总和；MinED 最小化项目活动的实际开始时间与计划开始时间之间偏差的期望值，但随着问题规模的增大，计算量呈指数级增长，算法的实际应用能力受到了限制。Deblaere 等（2007）提出了 MABO（myopic activity-based optimization，基于短视活动的优化算法）资源流网络优化算法，通过与以上算法进行对比分析，结果表明 MABO 算法构建的调度计划鲁棒性较强，但是该算法通过对带有局部资源流网络的调度计划进行模拟实验来确定资源的分配方案，这使得该算法的准确度不高，会造成多种资源分配方案的存在（张沙清等，2011）。Policella（2005）提出两阶段算法，利用满足资源和紧前关系的基准调度计划，通过"链接"的方式生成鲁棒的资源流网络，将资源转移性和灵活性作为项目的鲁棒性衡量指标。崔南方和梁洋洋（2018）改进了 MABO 算法，采用 EPC（expected penalty cost，期望惩罚成本）指标评估可行资源分配方案的鲁棒性，实验证明该方法保证了资源流网络的唯一性，并且大大降低了算法计算量。

1.4.3　时间缓冲方法

时间缓冲（time buffering）是指在项目活动前加入缓冲时间用以吸收各种不确定性的干扰，阻止其在调度计划中的传播，保证项目尽可能按基准调度计划进行（崔南方等，2016；Zheng 等，2018）。尽管时间缓冲和鲁棒资源分配两种方法都能构建鲁棒项目调度计划，但二者并不是孤立存在的，不同的时间缓冲大小和位置会影响到资源转移决策，现有研究没有将二者进行有效的结合（崔南方和梁洋洋，2018）。时间缓冲管理是解决鲁棒项目调度问题的另一重要策略，它强调在项目活动中或项目链中插入时间缓冲，以应对项目执行过程中发生的突发情况，包括集中缓冲管理和分散缓冲管理两种模式。

缓冲插入强调在项目的关键链或活动中插入时间缓冲，生成鲁棒的调度计划，以应对项目执行过程中的各种风险。Goldratt（1997）提出关键链项目管理，通过插入接驳缓冲和项目缓冲来保证项目按时完工。Van de Vonder 等（2006；2008）考虑工期的不确定性，通过在调度计划的活动前插入时间缓冲来增强调度计划的鲁棒性，并提出了 RFDFF（resource flow dependent float factor，资源流依赖浮动因子）、VADE（virtual activity duration extension，虚拟活动持续时间延伸度）、STC（starting time criticality，开始时间关键度）等多种基于分散缓冲管理的启发式算法。

1）集中缓冲管理

Goldratt（1997）将约束理论应用到项目管理中，提出了关键链调度/缓冲管理（critical chain scheduling/buffer management，CC/BM）。CC/BM 体现的是集中缓冲管理的思想，它用关键链代替传统的关键路径，在项目关键链的末端插入项目缓冲（project buffer），从全局的角度保证项目按时完工，并且在关键链与非关键链交汇处插入接驳缓冲（feeding buffer）来吸收不确定性，进而保护项目关键链（刘士新等，2003）。CC/BM 主要集中保障项目的完工性，因此该方法多用于解决"质"鲁棒性相关问题。另外，由于关键链调度计划是按接力赛（roadrunner）策略执行的，即各活动都尽早开始，因此调度计划的"解"鲁棒性相对较差。

2）分散缓冲管理

为保证调度计划的稳定性，许多学者提出了分散缓冲管理模式，即将时间缓冲插入各个活动中（Leus，2004；Herroelen 和 Leus，2004b），旨在吸收不确定性的同时分散风险。分散缓冲管理采用时刻表调度策略，即项目所有活动不得早于计划开始时间执行，这提高了调度计划的"解"鲁棒性。针对时间缓冲的大小设置和位置插入，许多学者基于不同的项目特征和不确定性提出了多种分散缓冲管理算法，具体归纳如下。

Leus（2004）及 Herroelen 和 Leus（2004c）提出了 ADFF（adapted float factor model，适应性浮动因子模型）分散缓冲算法，该算法考虑了项目活动的自由时差和浮动因子，将活动的实际开始时间 $s_i(S)$ 定义为 $s_i(S) = s_i(B) + \alpha_i \text{float}(i)$，其中 $s_i(B)$ 是活动 i 的计划开始时间，$\text{float}(i)$ 是给定一个截止工期后活动 i 的最早开始时间和最晚开始时间的差，即 $\text{float}(i) = s_i(\text{LS}) - s_i(\text{ES})$。$\alpha_i = \beta_i / (\beta_i + \delta_i)$ 为浮动因子，其中 β_i 是活动 i 及其所有的直接和间接前序活动的权重和，δ_i 为活动 i 及其所有的直接和间接后序活动的权重和。活动 i 的权重 w 定义为活动 i 偏离一单位计划开始时间产生的单位惩罚成本。Van de Vonder 等（2005）通过模拟实验证明了在活动工期具有较高不确定性的情况下，ADFF 算法仍能生成鲁棒性较强的调度计划。但该算法仅考虑了活动的权重和浮动因子，使算法存在一定的局限性。

针对 ADFF 算法的缺陷，Van de Vonder 等（2006）提出了 RFDFF 算法，该算法在 ADFF 算法的基础上加入了资源流网络，避免了插入时间缓冲后引起的资源冲突，并且浮动因子的计算考虑了加入资源流网络后由于资源驱动而形成的新的直接和间接前序活动和后序活动，这意味着活动间的直接相连约束增多。RFDFF 算法通过插入时间缓冲实现项目活动的实际开始时间和计划开始时间偏离加权和最小化。

Van de Vonder 等（2008）还提出了 VADE 算法，该算法考虑到活动工期的不确定性，将活动工期的概率分布作为缓冲大小设置的依据，并通过反复迭代来降低调度计划的稳定性成本；他们又提出了 STC 算法，该算法综合考虑了活动工期的不确定性、活动权重及资源流网络。算法通过定义活动开始时间关键度指标 STC 来确定缓冲大小和位置，其中 $STC_j = P(S_j > s_j) \times w_j$，$S_j$、$s_j$、$w_j$ 分别表示活动 j 的实际开始时间、计划开始时间和权重，$P(S_j > s_j)$ 表示活动 j 延迟开工的概率。通过模拟实验将以上四种分散缓冲算法进行了对比分析。实验结果表明：STC 算法表现最好，构建的调度计划的"解"鲁棒性最强。

1.5　本章小结

本章介绍了 RCPSP、RCPSPTT、多项目调度和不确定条件下鲁棒项目调度等相关经典问题，对相关问题的研究工作进行了全面的梳理和分析，为后续章节的展开奠定了基础。

参考文献

[1]　ADHAU S, MITTAL M L, MITTAL A. A multi-agent system for decentralized multi-project scheduling with resource transfers[J]. International Journal of Production Economics, 2013, 146(2): 646-661.

[2]　ALEKSANDR V, MIKHAIL K, ANASTASIIA F, et al. Hybrid algorithm for multi-contractor, multi-resource project scheduling in the industrial field [J]. Procedia Computer Science, 2023, 229: 28-38.

[3]　Al-FAWZANA M A, HAOUARI M. A bi-objective model for robust resource constrained project scheduling[J]. Anti-protection Economics, 2005(96): 175-187.

[4]　ALIREZA E, HANYU G, MOSLEMI L N, et al. A forward-backward relax-and-solve algorithm for the resource-constrained project scheduling problem[J]. SN Computer Science, 2022, 4(2): 104.

[5]　ANTOINE P M, CHRISTIAN A, ALAIN H, et al. A project scheduling problem with periodically aggregated resource-constraints[J]. Computers & Operations Research, 2022, 141: 105688.

[6]　ARTIGUES C, MICHELON P, REUSSER S. Insertion techniques for static and dynamic resource-constrained project scheduling[J]. European Journal of Operational Research,

2003,149(2): 249-267.

[7] ASHTIANI B, LEUS R, ARYANEZHAD M B. New competitive results for the stochastic resource-constrained project scheduling problem: Exploring the benefits of pre-processing[J]. Journal of Scheduling, 2011, 14: 157-171.

[8] BOULEIMEN K, LECOCQ H. A new efficient simulated annealing algorithm for the resource-constrained project scheduling problem and its multiple mode version[J]. European Journal of Operational Research, 2003, 149(2): 268-281.

[9] BREDAEL D, VANHOUCKE M. A genetic algorithm with resource buffers for the resource-constrained multi-project scheduling problem[J]. European Journal of Operational Research, 2024, 315(1): 19-34.

[10] BRUCKER P, DREXL A, MÖHRING R, et al. Resource-constrained project scheduling: Notation, classification, models, and methods[J]. European Journal of Operational Research, 1999, 112(1): 3-41.

[11] CAI J, PENG Z, DING S, et al. A problem-specific parallel pareto local search for the reactive decision support of a special RCPSP extension[J]. Complex & Intelligent Systems, 2023, 9(6): 7055-7073.

[12] CAI J, PENG Z, DING S, et al. A Robust genetic algorithm to solve multi-skill resource constrained project scheduling problem with transfer time and uncertainty skills[C]. Sapporo, 2020 IEEE 16th International Conference on Control & Automation(ICCA), 2020: 1584-1589.

[13] CHU Z, XU Z. Research on the effectiveness of activities overlapping in reducing project duration under resource constrained condition[J]. Systems Engineering-Theory & Practice, 2019, 39(9): 2388-2397.

[14] CUI N, ZHAO Y, TIAN W. Bi-objective robust project scheduling based on intelligent algorithms[J]. Journal of Systems & Management, 2015, 24(3): 379-388.

[15] CUI S, LIU F, JARDÓN-KOJAKHMETOV H, et al. Discrete-time layered-network epidemics model with time-varying transition rates and multiple resources[J]. Automatica, 2024, 159: 111303.

[16] DEBLAERE F, DEMEULEMEESTER E, HERROELEN W, et al. Robust resource allocation decisions in resource-constrained projects[J]. Decision Sciences, 2007, 38(1): 5-37.

[17] DEBLAERE F, DEMEULEMEESTER E, HERROELEN W. Proactive policies for the stochastic resource-constrained project scheduling problem[J]. European Journal of Operational Research, 2011, 214(2): 308-316.

[18] DEMEULEMEESTER E, HERROELEN W, HERROELEN W S. Project scheduling: A research handbook[M]. Dordrecht: Kluwer Academic Publishers, 2002.

[19] DEMEULEMEESTER E, HERROELEN W. Robust project scheduling[J]. Foundations &Trends in Technology Information & Operations Management, 2014(3): 201-376.

[20] DODIN B. A practical and accurate alternative to PERT[J]. Perspectives in Modern Project

Scheduling, 2006, 92: 3-23.

[21] DOREEN K, ARMIN S. A heuristic solution framework for the resource constrained multi-project scheduling problem with sequence-dependent transfer times[J]. European Journal of Operational Research, 2009, 197: 492-508.

[22] DORNDORF U. Project scheduling with time windows: From theory to applications[M]. Heidelberg: Springer-Verlag Berlin Heidelberg GmbH, 2002.

[23] ENGWALL M, JERBRANT A. The resource allocation syndrome: The prime challenge of multi-project management [J]. International Journal of Project Management,2003, 2l(6): 403-409.

[24] ESKEROD P. Meaning and action in a multi-project environment: Understanding a multi-project environment by means of metaphors and basic assumptions[J]. International Journal of Project Management,1996, 14(2): 61-65.

[25] FRICKE S E, SHENHAR A J. Managing multiple engineering projects in a manufacturing support environment[J]. IEEE Transactions on Engineering Management, 2000, 47(2): 258-268.

[26] GOLDRATT E M. Critical Chain [M]. New York: The North River Press, 1997.

[27] GRAHAM R L. Bounds on multiprocessing timing anomalies[J]. SIAM Journal on Applied Mathematics, 1969, 17(2): 416-429.

[28] GUO W, VANHOUCKE M, COELHO J. A prediction model for ranking branch-and-bound procedures for the resource-constrained project scheduling problem[J]. European Journal of Operational Research, 2023, 306(2): 579-595.

[29] GUTJAHR W J. Bi-objective multi-mode project scheduling under risk aversion [J].European Journal of Operational Research, 2015, 246(2): 421-434.

[30] HARTMANN S, BRISKORN D. A survey of variants and extensions of the resource-constrained project scheduling problem[J]. European Journal of Operational Research, 2010, 207(1): 1-14.

[31] HE L, ZHANG Y. Bi-objective optimization of RCPSP under time-of-use electricity tariffs[J]. KSCE Journal of Civil Engineering, 2022, 26(12): 4971-4983.

[32] HE N, ZHANG D Z, YUCE B. Integrated multi-project planning and scheduling-a multiagent approach[J]. European Journal of Operational Research, 2022, 302(2): 688-699.

[33] HE Y, JIA T, ZHENG W. Tabu search for dedicated resource-constrained multiproject scheduling to minimise the maximal cash flow gap under uncertainty[J]. European Journal of Operational Research, 2023, 310(1): 34-52.

[34] HE Z, NING M, Xu Y. A survey of proactive and reactive project scheduling methods[J]. Operations Research and Management Science, 2016, 25(5): 278-287.

[35] HERROELEN W S, LEUS R. Project scheduling under uncertainty: Survey and research potentials[J]. European Journal of Operational Research, 2005a,165(2): 289-306.

[36] HERROELEN W S, LEUS R. On the merits and pitfalls of critical chain scheduling[J].

Journal of Operations Management, 2001,19(5): 559-577.

[37] HERROELEN W S, LEUS R. Robust and reactive project scheduling: A review and classification of procedures[J]. International Journal of Product Research, 2004a,42(8): 1599-1620.

[38] HERROELEN W S, LEUS R. Stability and resource allocation in project planning[J]. IIE Transactions, 2004b ,36(7): 667-682.

[39] HERROELEN W S, LEUS R. The construction of stable project baseline schedules[J]. European Journal of Operational Research, 2004c,156(4): 550-565.

[40] HERROELEN W S. Generating robust project baseline schedules[J]. Tutorials in Operations Research-OR Tools and Applications: Glimpses of Future Technologies,2007(13): 124-144.

[41] HERROELEN W S. Project scheduling theory and practice [J]. Production and Operations Management, 2005,14(4): 413-432.

[42] HERROELEN W, DE REYCK B, DEMEULEMEESTER E. Resource-constrained project scheduling: A survey of recent developments[J]. Computers & Operations Research, 1998, 25(4): 279-302.

[43] HERROELEN W, DEMEULEMEESTER E, DE REYCK B. A classification scheme for project scheduling[M]. Berlin: Springer, 1999.

[44] HU X, WANG J, CUI N, et al. Robust resource allocation method for the RCPSP from a resource transferring perspective[J]. Journal of Systems Engineering, 2020, 35(2): 174-188.

[45] IGELMUND G, RADERMACHER F J. Algorithmic approaches to preselective strategies for stochastic scheduling problems[J]. Networks, 1983a, 13(1): 29-48.

[46] IGELMUND G, RADERMACHER F J. Preselective strategies for the optimization of stochastic project networks under resource constraints[J]. Networks, 1983b, 13(1): 1-28.

[47] KADRI R L, BOCTOR F F. An efficient genetic algorithm to solve the resource-constrained project scheduling problem with transfer times: The single mode case[J]. European Journal of Operational Research, 2018, 265: 454-462.

[48] KLASTORIN T. Project management: Tools and trade-offs[M]. Hoboken: John Wiley & Sons, 2004.

[49] KLEIN R. Scheduling of resource-constrained projects[M]. Boston: Kluwer Academic Publishers, 1999.

[50] KOLISCH R, PADMAN R. An integrated survey of deterministic project scheduling[J]. Omega, 2001, 29(3): 249-272.

[51] KOUVELIS P, YU G. Robust discrete optimization and its applications[M]. Boston: Kluwer Academic Publishers, 1997.

[52] KRÜGER D, SCHOLL A. A heuristic solution framework for the resource constrained (multi-) project scheduling problem with sequence-dependent transfer times[J]. European Journal of Operational Research, 2009, 197(2): 492-508.

[53] KRÜGER D, SCHOLL A. Managing and modelling general resource transfers

in(multi-)project scheduling[J]. Or Spectrum, 2010, 32(2): 369-394.

[54] LEUS R. The generation of stable project plans[J]. Quarterly Journal of the Belgian, French and Italian Operations Research Societies, 2004, 2: 251-254.

[55] LIBERATORE M J, POLLACKJOHNSON B, SMITH C A. Project management in construction: Software use and research directions[J]. Journal of Construction Engineering &Management, 2001,127(2): 101-107.

[56] LIU Y, ZHOU J, LIM A, et al. A tree search heuristic for the resource constrained project scheduling problem with transfer times[J]. European Journal of Operational Research, 2023a, 304(3): 939-951.

[57] LIU Y, JIN S, ZHOU J, et al. A branch-and-bound algorithm for the unit-capacity resource constrained project scheduling problem with transfer times[J]. Computers & Operations Research, 2023b, 151: 106097.

[58] LIU Y, HUANG L, LIU X, et al. A late-mover genetic algorithm for resource-constrained project-scheduling problems[J]. Information Sciences, 2023c, 642: 119164.

[59] LOVATO D, GUILLAUME R, THIERRY C, et al. Managing disruptions in aircraft assembly lines with staircase criteria[J]. International Journal of Production Research, 2023, 61(2): 632-648.

[60] LYCETT M, RASSAU A, DANSON J. Programme management: A critical review[J]. International Journal of Project Management, 2004, 22(4): 289-299.

[61] MA Z, ZHENG W, HE Z, et al. A genetic algorithm for proactive project scheduling with resource transfer times[J]. Computers & Industrial Engineering, 2022, 174: 108754.

[62] CHEN M. Scientific and technological innovation rapid emergency resource constraint-improved particle swarm optimization project scheduling method[J]. Journal of Advanced Manufacturing Systems, 2023, 22(1): 165-180.

[63] MIKA M, WALIGÓRA G, WEGLARZ J. Tabu search for multi-mode resource-constrained project scheduling with schedule-dependent setup times[J]. European Journal of Operational Research, 2008, 187(3): 1238-1250.

[64] MILAT M, KNEZIĆ S, SEDLAR J. Application of a genetic algorithm for proactive resilient scheduling in construction projects[J]. Designs, 2022, 6(1): 16.

[65] MIQUEL B, GERARD M, JOSEP S, et al. The sample analysis machine scheduling problem: Definition and comparison of exact solving approaches[J]. Computers Operations Research, 2022, 142: 105730.

[66] MÖHRING R H, RADERMACHER F J, WEISS G. Stochastic scheduling problems I—General strategies[J]. Zeitschrift Für Operations Research, 1984, 28: 193-260.

[67] MÖHRING R H, RADERMACHER F J, WEISS G. Stochastic scheduling problems II-set strategies[J]. Zeitschrift für Operations Research, 1985, 29: 65-104.

[68] MÖHRING R H, STORK F. Linear preselective policies for stochastic project scheduling[J]. Mathematical Methods of Operations Research, 2000, 52: 501-515.

[69] MOZHDEHI S, BARADARAN V, HOSSEINIAN H A. Multi-skilled resource-constrained multi-project scheduling problem with dexterity improvement of workforce [J]. Automation in Construction, 2024, 162: 105360.

[70] MYSZKOWSKI P B, LASZCZYK M. Investigation of benchmark dataset for many-objective multi-skill resource constrained project scheduling problem[J]. Applied Soft Computing, 2022, 127: 109253.

[71] NEUMANN K, SCHWINDT C, ZIMMERMANN J. Project scheduling with time windows and scarce resources: Temporal and resource-constrained project scheduling with regular and nonregular objective functions[M]. Berlin: Springer, 2002.

[72] ÖZDAMAR L, ULUSOY G. A survey on the resource-constrained project scheduling problem[J]. IIE Transactions, 1995, 27(5): 574-586.

[73] PIOTR J, EWA R. A-team solving multi-skill resource-constrained project scheduling problem[J]. Procedia Computer Science, 2022, 207: 3300-3309.

[74] POLICELLA N. Scheduling with uncertainty: A proactive approach using partial order schedules[J]. AI Communications, 2005, 18(2): 165-167.

[75] POPPENBORG J, KNUST S. A flow-based tabu search algorithm for the RCPSP with transfer times[J]. Or Spectrum, 2016, 38: 305-334.

[76] PRITSKER A, WATTERS J, WOLFE M P. Multi-project scheduling with limited resources: A zero-one programming approach [J]. Management Science, 1969, 16(1): 93-107.

[77] RADERMACHER F J. Scheduling of project networks[J]. Annals of Operations Research, 1985, 4: 227-252.

[78] RAHMAN H F, CHAKRABORTTY R K, ELSAWAH S, et al. Energy-efficient project scheduling with supplier selection in manufacturing projects[J]. Expert Systems with Applications, 2022, 193: 116446.

[79] REN Y, LU Z, LIU X. A branch-and-bound embedded genetic algorithm for resource-constrained project scheduling problem with resource transfer time of aircraft moving assembly line[J]. Optimization Letter, 2020, 14: 2161-2195.

[80] ROB E V, MARIO V. A theoretical framework for instance complexity of the resource-constrained project scheduling problem[J]. Mathematics of Operations Research, 2022, 47(4): 3156-3183.

[81] SAEED A, UWE A, HADI K A. A hybrid projection method for resource-constrained project scheduling problem under uncertainty[J]. Neural Computing and Applications, 2022, 34(17): 14557-14576.

[82] SATIC U, JACKO P, KIRKBRIDE C. A simulation-based approximate dynamic programming approach to dynamic and stochastic resource-constrained multi-project scheduling problem [J]. European Journal of Operational Research, 2024, 315(2): 454-469.

[83] SCHWINDT C. Resource allocation in project management[M]. Berlin: SpringerVerlag, 2005.

[84] SÉVÉRINE B F, TAYOU C D. Horizontally elastic edge-finder algorithm for cumulative resource constraint revisited[J]. Operations Research Forum, 2022, 3(4): 65.

[85] SHAHSAVAR M, NIAKI S T A, NAJAFI A A. An efficient genetic algorithm to maximize net present value of project payments under inflation and bonus penalty policy in resource investment problem[J]. Advances in Engineering Software, 2010, 41(7-8): 1023-1030.

[86] STORK F. Stochastic resource-constrained project scheduling[D]. Berlin: Technische Universität, 2001.

[87] TIAN W, DEMEULEMEESTER E. On the interaction between railway scheduling and resource flow network[J]. Flexible Services and Manufacturing Journal, 2013, 25(1): 145-174.

[88] TIAN W, DEMEULEMEESTER E. Railway scheduling reduces the expected project makespan [R]. Research Report Kbi-1004, Department of Decision Sciences and Information Management, Katholieke Universiteit Leuven, Belgium, 2010.

[89] TURNER J R. The handbook of project-based management[M]. London: The McGraw-Hill, 2009.

[90] VAN DE VONDER S, DEMEULEMEESTER E, HERROELEN W. Proactive heuristic procedures for robust project scheduling: An experimental analysis[J]. European Journal of Operational Research, 2008,189(3): 723-733.

[91] VAN DE VONDER S, DEMEULEMEESTER E, HERROELEN W, et al. The trade-off between stability and makespan in resource-constrained project scheduling[J]. International Journal of Production Research, 2006, 44(2): 215-236.

[92] VAN DE VONDER S, DEMEULEMEESTER E, HERROELEN W, et al. The use of buffers in project management: The trade-off between stability and makespan[J]. International Journal of Production Economics, 2005, 97: 227-240.

[93] VAN DE VONDER S, DEMEULEMEESTER E, HERROELEN W. A classification of predictive-reactive project scheduling procedures[J]. Journal of Scheduling, 2007,10(3): 195-207.

[94] VAN DER MERWE A P. Multi-project management—organizational structure and control[J]. International Journal of Project Management, 1997, 15(4): 223-233.

[95] WANG J, HU X, DEMEULEMEESTER E, et al. A bi-objective robust resource allocation model for the RCPSP considering resource transfer costs[J]. International Journal of Production Research, 2019, 59(2): 367-387.

[96] WANG L, HUANG H, KE H. Chance-constrained model for RCPSP with uncertain durations[J]. Journal of Uncertainty Analysis and Applications, 2015, 3: 1-10.

[97] WANG T, CHENG W, ZHANG Y, et al. Dynamic selection of priority rules based on deep reinforcement learning for rescheduling of RCPSP[J]. IFAC-Papers OnLine, 2022, 55(10): 2144-2149.

[98] WANG W, GE X, WANG X, et al. Multi-attribute optimization for non-preemptive multi-

project scheduling based on critical chain[J]. Journal of Systems Engineering, 2016, 31(5): 689-699.

[99] WEGLARZ J, JÓZEFOWSKA J, MIKA M, et al. Project scheduling with finite or infinite number of activity processing modes: A survey[J]. European Journal of Operational Research, 2011, 208(3): 177-205.

[100] YEO K T. Systems thinking and project management-time to reunite[J]. International Journal of Project Management, 1993, 11(2): 111-117.

[101] ZHAO Y, HU X, WANG J, et al. A robust multi-project scheduling problem under a resource dedication-transfer policy[J]. Annals of Operations Research, 2024 , 338(1): 1-33.

[102] ZHENG W, HE Z, WANG N, et al. Proactive and reactive resource-constrained max-NPV project scheduling with random activity duration[J]. Journal of the Operational Research Society, 2018, 69(1): 115-126.

[103] 别黎, 崔南方, 赵雁, 等. 关键链多项目调度中分散式能力约束缓冲设置法[J]. 管理工程学报, 2013, 27（2）: 148-153.

[104] 陈俊杰, 同淑荣, 王曜, 等. 人力资源约束下的项目群调度问题建模与求解[J]. 运筹与管理, 2020, 29（3）: 111-120.

[105] 初梓豪, 徐哲. 活动重叠对缩短资源受限项目工期有效性研究[J]. 系统工程理论与实践, 2019, 39（9）: 2388-2397.

[106] 崔南方, 梁洋洋, 赵雁. 考虑鲁棒性的 Max-npv 项目调度问题[J]. 系统工程理论与实践, 2016, 36（6）: 1462-1471.

[107] 崔南方, 梁洋洋. 基于资源流网络与时间缓冲集成优化的鲁棒性项目调度[J]. 系统工程理论与实践, 2018, 38（1）: 102-112.

[108] 崔南方, 赵雁, 田文迪. 基于智能算法的双目标鲁棒性项目调度[J]. 系统管理学报, 2015, 24（3）: 379-388.

[109] 郭立娟. 基于转移时间-转移成本的资源受限多项目调度优化[D]. 青岛: 中国石油大学（华东）, 2019.

[110] 何一丹, 何正文, 王能民, 等. 共享经济环境下的资源约束 Max-NPV 多项目调度优化[J]. 中国管理科学, 2024, 32（9）: 260-270.

[111] 何正文, 宁敏静, 徐渝. 前摄性及反应性项目调度方法研究综述[J]. 运筹与管理, 2016, 25（5）: 278-287.

[112] 胡雪君, 王建江, 崔南方, 等. 资源转移视角下的 RCPSP 鲁棒资源分配方法[J]. 系统工程学报, 2020, 35（2）: 174-188.

[113] 胡振涛, 崔南方. 多技能资源能力不均衡环境下项目调度的鲁棒优化方法[J]. 工业工程, 2023, 26（5）: 89-96, 114.

[114] 黄志彬, 许燕青. 基于列生成的云平台资源约束项目调度研究[J]. 信息技术与信息化, 2023（8）: 16-19.

[115] 李斌, 黄起彬. 面向资源约束项目调度的二阶段帝国竞争算法[J]. 计算机科学与探索, 2023, 17（11）: 2620-2639.

[116] 李洪波，徐哲. 鲁棒性项目调度研究综述[J]. 系统工程，2014，32（2）：123-131.

[117] 李俊亭，杨睿娟. 关键链多项目进度计划优化[J]. 计算机集成制造系统，2013，19（3）：631-640.

[118] 李鲁波，张静文，田宝峰. 一种施工场地制约下的空间干涉型资源约束项目调度问题[J]. 工业工程与管理，2023，28（3）：71-82.

[119] 刘国山，林新宇. 柔性工期下的资源受限项目调度双目标优化研究[J]. 运筹与管理，2022，31（1）：1-7.

[120] 刘国山，王敏，张转霞. 基于时间窗延迟的资源约束项目调度双层优化研究[J]. 运筹与管理，2021，30（12）：6-12，27.

[121] 刘士新，宋健海，唐加福. 关键链：一种项目计划与调度新方法[J]. 控制与决策，2003，5（5）：513-516.

[122] 刘婉君，张静文，刘万琳. 基于拍卖机制的资源转移时间型动态分布式多项目调度[J]. 中国管理科学，2022，30（8）：117-129.

[123] 陆志强，刘欣仪. 考虑资源转移时间的资源受限项目调度问题的算法[J]. 自动化学报，2018，44（6）：1028-1036.

[124] 马咏，何正文，郑维博. 基于柔性资源约束的前摄性项目调度优化研究[J]. 中国管理科学，2020，28（7）：220-230.

[125] 马咏，何正文，江波等. 一种求解柔性资源约束前摄性项目调度问题的启发式算法[J]. 运筹与管理，2021，30（8）：14-20，51.

[126] 庞南生，孟俊姣. 多目标资源受限项目鲁棒调度研究[J]. 运筹与管理，2012，21（3）：27-32.

[127] 寿涌毅. 资源约束下多项目调度的迭代算法[J]. 浙江大学学报（工学版），2004（8）：162-166.

[128] 田宝峰，张静文，史至瑶. 消除二次资源冲突的鲁棒性双目标关键链项目调度优化[J]. 管理工程学报，2024，38（2）：166-179.

[129] 田文迪，胡慕海，崔南方. 不确定性环境下鲁棒性项目调度研究综述[J]. 系统工程学报，2014，29（1）：135-144.

[130] 田文迪. 随机 DTRTP 环境下项目调度策略的比较研究[D]. 武汉：华中科技大学，2011.

[131] 王伟鑫，葛显龙，王旭，等. 基于关键链的非抢占式多项目调度多属性优化[J]. 系统工程学报，2016，31（5）：689-699.

[132] 王艳婷，何正文. 资源随机中断下突发事件应急救援鲁棒性多模式项目调度优化[J]. 运筹与管理，2023，32（3）：70-77.

[133] 王勇胜，梁昌勇. 资源约束项目调度鲁棒性研究的现状与展望[J]. 中国科技论坛，2009，8（8）：95-99.

[134] 魏光艳，叶春明. 考虑转移时间的多目标双资源柔性作业车间节能调度[J]. 计算机集成制造系统，2024.

[135] 于静，徐哲，李洪波. 带有活动重叠的资源受限项目调度问题建模与求解[J]. 系统工

程理论与实践，2015，35（5）：1236-1245.

[136] 张豪华，白思俊. 基于 MAS 的多模式分布式资源约束多项目调度[J]. 运筹与管理，2024，33（1）：9-15.

[137] 张静文，刘耕涛. 基于鲁棒性目标的关键链项目调度优化[J]. 系统工程学报，2015，30（1）：135-144.

[138] 张静文，周杉，乔传卓. 基于时差效用的双目标资源约束型鲁棒性项目调度优化[J]. 系统管理学报，2018，27（2）：299-308.

[139] 张沙清，陈新度，陈庆新，等. 基于优化资源流约束的模具多项目反应调度算法[J]. 系统工程理论与实践，2011，31（8）：1571-1580.

[140] 朱宏伟，陆志强. 考虑资源转移时间的项目可拆分资源受限多项目调度问题[J]. 计算机集成制造系统，2019，25（3）：586-597.

[141] 宗砚，刘琼，张超勇，等. 考虑资源传递时间的多项目调度问题[J]. 计算机集成制造系统，2011，17（9）：1921-1928.

第 2 章

RCPSPTT 资源流模型及算法

本章内容提要：本章在传统 RCPSP 中引入资源转移时间，为有效获得问题的最优解，采用资源流（resource flow）编码方式表示可行解，建立了 RCPSPTT 资源流优化模型，目标为最小化项目工期。本章根据问题特征设计了改进的重构邻域算子，分别设计了基于资源流的改进禁忌搜索（improved tabu search，ITS）算法和贪心随机自适应禁忌搜索（greedy randomized adaptive search procedure with tabu search，GRASP-TS）算法来求解模型。数据实验结果表明，相较于现有文献中的方法，所提两种算法均可针对更多的项目实例求得最优解，并且所得最优解的时间更短、求解效率更高。此外，本章分析了算法在求解具有不同特征的项目实例时的性能，所得结果为项目经理结合项目特征评价算法适用性提供了指导。

2.1 问题背景

前面提及，传统 RCPSP 研究一般假设资源在活动之间转移不需要时间，但是这一假设通常与实际情形不符。在诸多大型工程项目实践中，由于各工序所处位置不同，资源在不同工序之间转移往往需要消耗一定的转移时间，如重型机械设备（起重机等）在不同建筑工地之间转移。此外，某种资源在不同的工序之间进行调整，如机器生产不同的产品时需要进行清洗等，也需要耗费一定的准备时间或转换时间。此类问题统称为 RCPSPTT，该问题通常以项目工期最短为优化目标。

目前，现有 RCPSPTT 研究大部分采用活动列表（activity list）表示可行解；然而，已有学者指出（Poppenborg 和 Knust，2016），基于活动列表的解不能直接得到资源单元在活动间的传递路径，而必须基于活动列表生成项目调度计划，间接确定资源传递路径（基于某种优先级规则）。此外，该文已证明，采用活动列表有可能将项目最优调度计划（最短工期）排除在搜索空间之外，而采用资源流编码一定能获得 RCPSPTT 的最优解。鉴于此，本章采用资源流编码方式表示可行解，描述了可更新资源在完成某个活动后向其他活动转移所形成的路径（崔南方和梁洋洋，2018），建立了 RCPSPTT 资源流优化模型。本章还设计了求解 RCPSPTT 的邻域算子，分别提出 ITS 算法和 GRASP-TS 算法对模型进行求解。大规模模拟实验结果表明，相对于 Poppenborg 和 Knust（2016）提出的禁忌搜索算法，本章所提两种算法均可针对更多的项目实例求得最优解，其中 GRASP-TS 算法的求解效率最高。

2.2 数学模型

采用节点式网络 $G=(N,A)$ 表示一个项目，记活动集合为 $N=\{s,1,2,\cdots,n,e\}$，其中 s 和 e 分别代表虚拟开始活动和虚拟结束活动，A 代表活动之间的结束–开始型工序优先关系集合。记资源种类集合为 K，第 k（$k=1,2,\cdots,K$）种资源的可用量为 R_k。Artigues 等（2003）最先提出了基于资源流的可行解表达方式，用 f_{ijk}（$i,j\in N$，$k\in K$）表示从活动 i 转移到活动 j 的资源 k 的数量，$f_{ijk}>0$ 表示活动 i 和活动 j 之间存在资源转移关系，用一条资源弧 $(i,j)_k$ 连接这两个活动。资源 k 从活动 i 流向活动 j 需要一定的资源转移时间 Δ_{ijk}，且满足三角形规则，即 $\Delta_{ihk}+\Delta_{hjk}\geqslant\Delta_{ijk}$，$\forall i,j,h\in N$。

如图 2-1 所示，将所有的资源弧集合记为 A_R，则构成了项目资源流网络 $G'=(N,A_R)$。在图 2-1 中，细实线表示活动先后关系，粗实线和粗虚线分别表示两种资源的资源弧，弧线上的数字表示资源转移量 f_{ijk}。在资源流网络图中，所有资源都从虚拟开始节点出发，经过资源弧转移，最后汇聚到虚拟结束节点。特别地，当两个活动之间存在多种资源发生转移的情况时，相应两个节点之间存在多条资源弧。

基于资源流网络描述，本节用项目活动之间的资源转移量及活动开始时间作为决策变量，建立 RCPSPTT 优化模型。

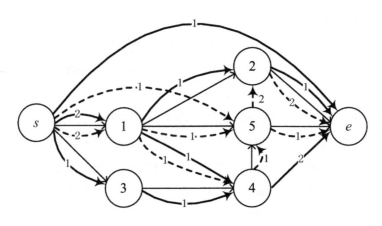

图 2-1　资源流网络示意图

问题参数：

J 为项目的实体活动集合，$J = \{1,2,\cdots,n\}$；

N 为项目的实体活动及虚拟活动集合，$N = J \cup \{s,e\}$；

Pred_j 为活动 j 的直接前序活动的集合，$\mathrm{Pred}_j \subseteq N \setminus \{j,e\}$，$\forall j \in J \cup \{e\}$；

Pred'_j 为活动 j 的所有直接和间接前序活动的集合，$\forall j \in J \cup \{e\}$；

Succ_j 为活动 j 的直接后序活动的集合，$\mathrm{Succ}_j = \{i \mid i \in J \cup \{e\} \wedge j \in \mathrm{Pred}_i\}$，$\forall j \in J \cup \{s\}$；

Succ'_j 为活动 j 的所有直接和间接后序活动的集合，$\forall j \in J \cup \{s\}$；

Jr_j 为需要活动 $j \in J$ 所释放资源的活动集合，$\mathrm{Jr}_j = J \cup \{e\} - \{j\} - \mathrm{Pred}'_j$；

Js_j 为资源可供活动 $j \in J$ 使用的活动集合，$\mathrm{Js}_j = J \cup \{s\} - \{j\} - \mathrm{Succ}'_j$；

d_j 为活动 j 的计划工期，$j \in N$，$d_s = d_e = 0$；

K 为可更新资源类别集合；

R_k 为资源 $k \in K$ 的可用量/供应量；

u_{jk} 为活动 $j \in J'$ 对资源 $k \in K$ 的单位时段资源需求量，$u_{sk} = u_{ek} = R_k$；

Δ_{ijk} 为资源 k 从活动 i 流向活动 j 需要的转移时间，$i,j \in N$，$k \in K$。

决策变量：

s_j 为活动 j 的开始时间，$j \in N$；

$$f_{jt} = \begin{cases} 1 & \text{活动}j\text{在时刻}t\text{开始} \\ 0 & \text{活动}j\text{不在时刻}t\text{开始} \end{cases};$$

f_{ijk} 为活动 i 流向活动 j 的第 k 种资源的数量，$i,j \in N$，$k \in K$；

$$y_{ijk} = \begin{cases} 1 & f_{ijk} > 0 \\ 0 & f_{ijk} \leqslant 0 \end{cases}^{\circ}$$

目标函数：

$$\min\ s_e \tag{2-1}$$

约束条件：

$$s_i + d_i - s_j \leqslant 0,\ \ \forall i \in J \bigcup \{s\},\ j \in \mathrm{Succ}_i \tag{2-2}$$

$$s_i + d_i + \Delta_{ijk} - s_j \leqslant T(1 - y_{ijk}),\ \ \forall i \in J \bigcup \{s\},\ j \in \mathrm{Jr}_i,\ k \in K \tag{2-3}$$

$$\sum_{t=0}^{T-d_j} f_{jt} = 1,\ j \in N \tag{2-4}$$

$$s_j = \sum_{t=0}^{T-d_j} t \times f_{jt},\ j \in N \tag{2-5}$$

$$\sum_{i \in \mathrm{Js}_j} f_{ijk} = \sum_{i \in \mathrm{Jr}_j} f_{jik} = u_{jk},\ \ \forall j \in J,\ k \in K \tag{2-6}$$

$$f_{ijk} \leqslant y_{ijk} \times \min\{u_{ik}, u_{jk}\},\ \ \forall i \in J,\ j \in \mathrm{Jr}_i,\ k \in K \tag{2-7}$$

$$y_{ijk} \leqslant f_{ijk},\ \ \forall i \in J,\ j \in \mathrm{Jr}_i,\ k \in K \tag{2-8}$$

$$\sum_{j \in J'} \sum_{\tau=t-d_j}^{t} u_{jk} \times f_{j\tau} \leqslant R_k,\ \ \forall t = 0,1,\cdots,T,\ k \in K \tag{2-9}$$

$$s_j \in Z^+,\ \ \forall j \in J \tag{2-10}$$

$$f_{it} = \{0,1\},\ \ \forall t = 0,1,\cdots,T,\ i \in N \tag{2-11}$$

$$f_{ijk} \in Z^+,\ y_{ijk} = \{0,1\},\ \ \forall i \in J \bigcup \{s\},\ j \in \mathrm{Jr}_i,\ k \in K \tag{2-12}$$

　　式（2-1）为目标函数，表示最小化项目工期。式（2-2）是活动优先关系约束，即活动 i 完成之前，其紧后活动 j 不能开始。式（2-3）表示活动开始时间与资源转移时间的关系，即如果资源 k 在活动 i 与其紧后活动 j 之间发生了转移，那么活动 j 的开始时间必须大于或等于活动 i 的结束时间与资源转移时间 Δ_{ijk} 之和，其中 T 表示项目工期可能的最大值，下同。式（2-4）表示任意活动 j 只能在一个时间点开始。式（2-5）表示活动开始时间 s_j 与决策变量 f_{jt} 的关系。式（2-6）是资源流平衡约束，表示流入活动 j 的资源 k 的总量与流出该活动的资源 k 的总量需相等，且等于该活动的资源需求量。式（2-7）表示资源转移量不能超出活动所需量。式（2-8）描述了决策变量 y_{ijk} 和 f_{ijk} 之间的关系。式（2-9）是资源需求约束，表示任意时刻正在进行的活动对于资源 k 的消耗量不超过资源总供应量。式（2-10）～式（2-12）定义了决策变量的可行域。

2.3 求解算法设计

对于 RCPSPTT 这一 NP-hard 问题，相对于精确求解算法，元启发式算法具有计算效率高、问题适应性强、应用面广等特点，越来越受到国内外学者的普遍重视（胡雪君等，2022）。本节在 Poppenborg 和 Knust（2016）研究工作的基础上，设计了新的邻域结构，提出基于资源流网络的 ITS 算法。此外，考虑不同初始解对算法搜索效率的影响，本节进一步设计了 GRASP-TS 算法。

2.3.1 邻域算子

不同于传统的活动列表编码方式，本节用资源流 f_{ijk} 进行编码。Hartmann 和 Briskorn（2010）已经证明，对于传统的活动列表编码方式，无论采用并行调度还是串行调度解码，都有可能丢失最优解，而资源流编码方式一定能够得到最优解。基于 N_{reroute} 和 N_{reverse} 邻域算子，本节对邻域算子进行了改进，提出改进的重构邻域算子 $N_{\text{reroute}}^{\text{I,max,ca}}$，设计了 ITS 算法。下面首先介绍基本的重构邻域算子 N_{reroute}，然后介绍改进的重构邻域算子 $N_{\text{reroute}}^{\text{I,max,ca}}$。反转邻域算子 N_{reverse} 详见 Hartmann 和 Briskorn（2010）的论文，此处不再赘述。

1）重构邻域算子 N_{reroute}

首先，选择两条资源弧 $(i,j)_k$ 和 $(u,v)_k$，满足如下条件：①资源流 $f_{ijk} > 0$，$f_{uvk} > 0$；②在集成资源流的网络 $G \cup G' = (N, A \cup A_R)$ 中，活动 j 与活动 u 之间、活动 v 与活动 i 之间均不存在紧前关系。然后，按照图 2-2 所示方式对资源流网络进行重构：$f'_{ijk} = f_{ijk} - q$，$f'_{uvk} = f_{uvk} - q$，$f'_{ivk} = f_{ivk} + q$，$f'_{ujk} = f_{ujk} + q$，其中 $q \in \{1, 2, \cdots, \min\{f_{ijk}, f_{uvk}\}\}$。

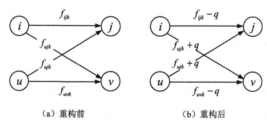

（a）重构前　　　　　　　（b）重构后

图 2-2　重构邻域算子 N_{reroute} 示意图

为了减小邻域搜索范围，节约计算时间，Hartmann 和 Briskorn（2010）在 N_{reroute} 基础上提出了缩减的重构邻域算子 $N_{\text{reroute}}^{\text{max,ca}}$，其中资源弧 $(i,j)_k$ 从关键路

径中选择，$(u,v)_k$ 任意选择，需要满足上述邻域条件①和②。此外，$N_{\text{reroute}}^{\max,ca}$ 的资源转移量 q 总是取最大值，即 $q = \min\{f_{ijk}, f_{uvk}\}$。

2) 改进的重构邻域算子 $N_{\text{reroute}}^{\text{I,max,ca}}$

通常，RCPSP 的项目工期是由其关键路径决定的，具有较短关键路径的调度计划具有更优的工期。考虑到重构邻域算子 $N_{\text{reroute}}^{\max,ca}$ 中资源弧 $(i,j)_k$ 是从关键路径上选择的，本研究试图通过特殊的资源弧选择方式，对调度计划关键路径进行修改，期望找到时间更短的关键路径。针对重构邻域算子 $N_{\text{reroute}}^{\max,ca}$，如果 $f_{ijk} > f_{uvk}$，邻域变换后关键路径上的资源弧 $(i,j)_k$ 上的资源转移量为 $f'_{ijk} = f_{ijk} - \min\{f_{ijk}, f_{uvk}\} = f_{ijk} - f_{uvk} > 0$，此时存在两种情况：①原来调度计划的关键路径依然是新调度计划的关键路径；②新得到的关键路径时间长度大于原方案的关键路径时长。无论哪种情况，关键路径时间长度都不能减少，即调度计划的工期不能被缩短。因此，只有满足条件 $f_{ijk} \leq f_{uvk}$ 的邻域算子才有可能找到时间更短的关键路径，称为改进的重构邻域算子 $N_{\text{reroute}}^{\text{I,max,ca}}$。下面给出一个问题实例来说明 $N_{\text{reroute}}^{\text{I,max,ca}}$ 对当前解的改进效果。

图 2-3 是一个带有资源转移时间的项目示例，包括 8 个活动，其中 s 和 e 为虚拟活动，该项目只用到一种可更新资源（后面省略下标 k），资源总量为 10 个单位，活动工期、资源需求量及资源转移时间如图 2-4 所示。

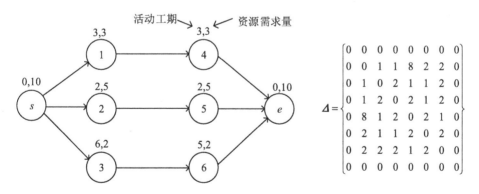

图 2-3　带有资源转移时间的项目示例

图 2-4（a）显示了一个可行的资源流网络，其中弧上数字表示资源转移量，粗虚线表示关键路径。本节采用并行调度策略与最早开始时间（earliest start time，EST）优先规则进行解码，可得到图 2-4（b）所示的项目调度计划，其对应的项目工期为 14 个单位。

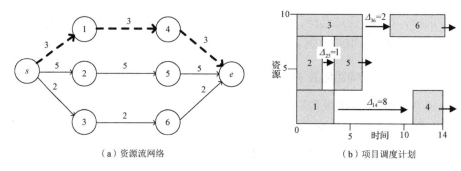

（a）资源流网络　　　　　　　（b）项目调度计划

图 2-4　资源流网络及其对应的项目调度计划 I

　　针对上述资源流网络，存在两种重构邻域结构，一种是对资源弧 (1,4) 和资源弧 (3,6) 进行修改，另一种是对资源弧 (1,4) 和资源弧 (2,5) 进行修改。如果选择邻域结构 (1,4) 和 (3,6)，$f_{1,4} > f_{3,6}$，则可以得到图 2-5 所示的资源流网络和项目调度计划，此时项目调度计划的关键路径仍然为 $s \to 1 \to 4 \to t$，项目工期依然为 14 个单位，因此邻域结构 (1,4) 和 (3,6) 不能改进当前解。

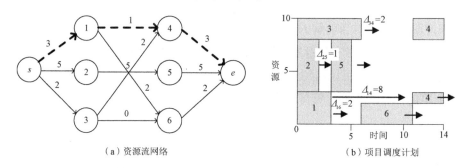

（a）资源流网络　　　　　　　（b）项目调度计划

图 2-5　资源流网络及其对应的项目调度计划 II

　　如果采用邻域结构 (1,4) 和 (2,5)，$f_{1,4} \leqslant f_{2,5}$，则可以得到如图 2-6 所示的资源流网络和项目调度计划。此时，项目调度计划的关键路径更改为 $s \to 3 \to 6 \to t$，项目工期减小为 13 个单位，因此邻域结构 (1,4) 和 (2,5) 能够改进当前解。

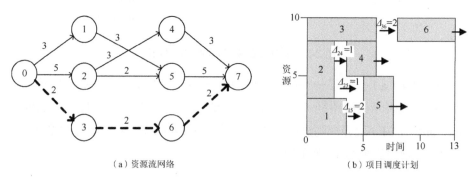

（a）资源流网络　　　　　　　（b）项目调度计划

图 2-6　资源流网络及其对应的项目调度计划 III

2.3.2　ITS 算法

基于以上编码、解码和邻域操作，本节提出了求解最优资源流网络的 ITS 算法。其基本思想是优先选择有望改进当前解的邻域算子 $N_{reroute}^{I,max,ca}$，当邻域解能够改进当前解时，则进行邻域变换，不再访问其他邻域结构，以此来提高算法搜索效率。ITS 算法采用 Krüger 和 Scholl（2009）提出的并行调度策略生成初始资源流网络，其中活动优先规则为最晚结束时间（latest finish time，LFT）。此外，当流入某活动的资源可用量超过该活动所需资源量时，还需定义相应的资源转移优先规则，本节采用 MinGap 规则，即选择资源最早到达时间与活动开始时间之差最小的活动进行资源转移。不同于 Hartmann 和 Briskorn（2010）提出的观点，本节仅采用 TL_{add} 作为禁忌列表，避免近期被删除的资源弧被重新添加到资源流网络。ITS 算法主要流程如图 2-7 所示。

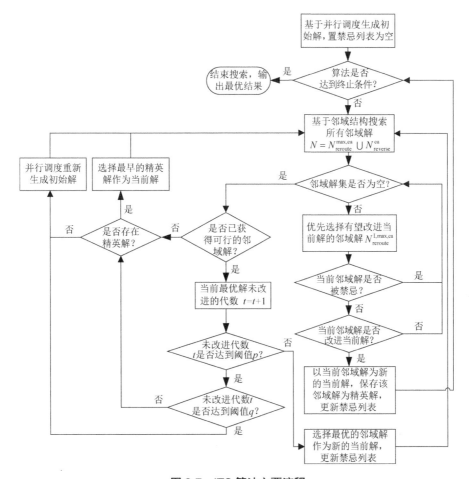

图 2-7　ITS 算法主要流程

2.3.3 GRASP-TS 算法

研究表明，禁忌搜索算法求解效率极大依赖于初始解的选择，如果初始解距离全局最优解近，则搜索效率高、求解质量好，否则需要大量搜索时间得到最优解，甚至陷入局部最优，不能得到最优解。为了克服这一缺点，本节将禁忌搜索算法与 GRASP 算法相结合，提出 GRASP-TS 算法，其主要思想是：采用禁忌搜索算法作为搜索引擎，避免陷入局部最优；采用 GRASP 算法的自适应扰动策略，多次开始禁忌搜索算法，增大算法的搜索范围，使搜索过程转移到新的更有希望的搜索区域。GRASP-TS 算法流程如图 2-8 所示。

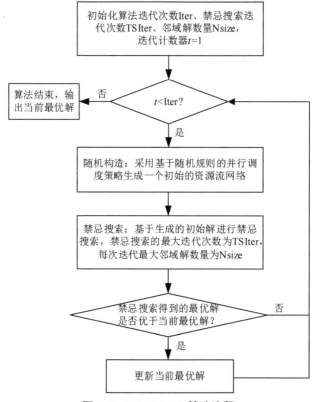

图 2-8　GRASP-TS 算法流程

GRASP-TS 算法每次迭代由以下两部分组成。

随机构造：类似于 2.3.2 节中的 ITS 算法，采用 Krüger 和 Scholl（2009）提出的并行调度策略生成初始资源流网络；区别在于，为了增加初始解的多样性，扩大搜索范围，在选择后序活动和资源转移时均采用随机规则。

禁忌搜索：通过禁忌搜索算法优化上一步生成的初始解，为了提高算法搜索效率，本节对禁忌搜索的迭代次数和邻域解数量都进行了限制。

2.4　模拟实验分析

2.4.1　实验参数设置

在本节实验中，ITS 算法与 Hartmann 和 Briskorn（2010）的禁忌搜索算法（TS 算法）采用相同的参数设置。算法终止条件设定为：最大迭代次数为 10000 次或能够证明已得到最优解（通过关键路径法获得最优解的下界）。在每次迭代中，最多访问 50 个重构邻域解 $N_{\text{reroute}}^{\text{I,max,ca}}$，以及 5 个反转邻域解 $N_{\text{reverse}}^{\text{ca}}$。算法搜索过程中最多保留 1 个精英解，当最优解未改进代数达到阈值 $p = 750$ 或不存在可行邻域解时，则搜索过程从当前精英解重启。如果当前最优解未改进代数达到阈值 $q = 1500$，则采用并行调度算法重新生成初始解，重启搜索过程。针对禁忌列表 TL_{add}，禁忌长度设为 $t_{\text{add}} = \text{rand}(a) + \alpha \times |N|$，其中 $|N|$ 为邻域解数量，$a = 5$，$\alpha = 0.3$。针对 GRASP-TS 算法，迭代次数 Iter $= 20$ 次，禁忌搜索迭代次数 TSIter $= 1000$ 次，最大邻域解数量 $N_{\text{reroute}}^{\text{I,max,ca}} = 50$，$N_{\text{reverse}}^{\text{ca}} = 5$，禁忌列表相关参数同 ITS 算法。

2.4.2　算法性能对比

为了更好地评价三种算法的求解效果，本节模拟实验定义了三种性能评价指标。

（1）Num_{opt}：在所有项目实例中，算法能求得最优解（最短工期）的项目数量。

（2）t_{avg}：对于三种算法都能求得最优解的项目实例，算法得到最优解需要的平均时间。

（3）Gap：算法所得解与最优解的差值。

表 2-1 给出了不同算法对于两种规模算例求得最优解的项目数量及得到最优解的时间。表 2-2 给出了不同算法所得解与最优解之间的平均差值 Gap_{avg} 与最大差值 Gap_{max}。

表 2-1　不同算法求得最优解的项目数量与所需时间对比

活动个数/个	项目数量/个	Num_{opt} /个			t_{avg} /s		
		TS 算法	ITS 算法	GRASP-TS 算法	TS 算法	ITS 算法	GRASP-TS 算法
30	480	376	391	408	2.16	1.72	4.05
60	400	327	332	338	7.22	5.45	5.08

表 2-2　不同算法所得解与最优解的差值对比

活动个数/个	项目数量/个	Gap_{avg} /%			Gap_{max} /%		
		TS 算法	ITS 算法	GRASP-TS 算法	TS 算法	ITS 算法	GRASP-TS 算法
30	480	1.32	1.04	0.64	23.30	19.41	12.90
60	400	1.19	1.01	0.91	21.51	24.21	18.94

由表 2-1 可知,对于两种规模算例,相对于 Hartmann 和 Briskorn(2010)的 TS 算法,本节所提两种算法均可针对更多的项目实例求得最优解,GRASP-TS 算法最优解数量稍多于 ITS 算法。对于 J30 小规模算例,GRASP-TS 算法求得最优解所需时间最长,这是因为对于小规模算例,其解空间大小有限,TS 算法能够经过一定迭代次数(小于 10000 次)得到最优解。然而,GRASP-TS 算法采用贪心迭代搜索机制,搜索一定次数(1000 次)后,就更换初始解重新搜索,反而容易错过最优解,导致求解时间变长。对于 J60 大规模算例,GRASP-TS 算法扩大了搜索范围,求解效率更高,寻优时间优于 TS 算法。

从表 2-2 可以看出,对于两种规模算例,三种算法中 GRASP-TS 算法所得解与最优解之间的平均差值最小:针对 J30 算例,GRASP-TS 算法可以将 TS 算法所得解与最优解间的平均差值从 1.32%缩减至 0.64%;针对 J60 算例,GRASP-TS 算法可以将 TS 算法所得解与最优解间的平均差值从 1.19%缩减至 0.91%。此外,GRASP-TS 算法所得解与最优解之间的最大差值也总是最小的,特别是针对小规模算例可以将最大差值减小至 TS 算法的一半左右。对于 J30 小规模算例,ITS 算法所得解与最优解之间的最大差值优于 TS 算法;而对于 J60 大规模算例,ITS 算法所得解与最优解之间的最大差值劣于 TS 算法。

以上结果充分表明,相较于 Hartmann 和 Briskorn (2010) 的 TS 算法,ITS 算法与 GRASP-TS 算法均可对 RCPSPTT 进行更有效的求解,其中 GRASP-TS 算法的求解效果最好。

2.4.3　敏感度分析

本节分析三种算法在求解具有不同特征的项目实例时的性能,主要特征参数如下(Kolisch 和 Sprecher,1997)。

(1)网络复杂度(network complexity,NC):每个活动节点的平均非冗余边的数量。NC={1.5,1.8,2.1}，NC 越大表示项目网络越复杂。

（2）资源因素（resource factor，RF）：反映资源消耗的平均比例。RF= {0.25,0.5,0.75,1}，RF 越大表示资源利用率越高。

（3）资源强度（resource strength，RS）：反映资源约束的强度。RS= {0.2,0.5,0.75,1}，RS 越大表示可用资源越多，资源竞争越小。

不同算法对于不同 NC 项目的求解结果如表 2-3 所示。

表 2-3　不同算法对于不同 NC 项目的求解结果

活动个数/个	NC	最优解数量/项目总数（单位均为个）			t_{avg} /s			Gap_{avg} /%		
		TS 算法	ITS 算法	GRASP-TS 算法	TS 算法	ITS 算法	GRASP-TS 算法	TS 算法	ITS 算法	GRASP-TS 算法
30	1.5	126/160	129/160	132/160	3.260	2.332	5.380	1.206	1.108	0.815
	1.8	126/160	126/160	136/160	1.682	0.951	1.923	1.193	1.175	0.666
	2.1	124/160	136/160	140/160	1.524	1.872	4.838	1.514	0.806	0.395
60	1.5	113/128	115/128	116/128	6.916	6.363	3.958	0.723	0.455	0.424
	1.8	111/133	112/133	115/133	5.495	4.159	5.971	0.761	0.631	0.563
	2.1	103/139	105/139	107/139	9.401	5.836	5.332	1.846	1.602	1.430

从表 2-3 可以看出，ITS 算法和 GRASP-TS 算法能够得到更多项目实例的最优解，解的质量优于 TS 算法，且对于大规模算例，ITS 算法和 GRASP-TS 算法获得最优解的时间更短，求解效率更高。此外，针对小规模算例，随着 NC 增大，一方面，TS 算法所得最优解的算例数量逐渐减少，ITS 算法和 GRASP-TS 算法得到最优解的算例数量逐渐增加；另一方面，TS 算法所得解与最优解的平均差值逐渐增大，ITS 算法和 GRASP-TS 算法所得解与最优解的平均差值逐渐减小。对于小规模算例，ITS 算法和 GRASP-TS 算法更适合求解 NC 较大的项目实例。此外，针对小规模算例，TS 算法求解时间随着 NC 增大而减少，ITS 算法和 GRASP-TS 算法求解时间呈现出先减少后增加的趋势。针对大规模项目实例，由于问题更加复杂，三种算法得到最优解的算例数量均随着 NC 增大而下降，算法所得解与最优解的平均差距越来越大，求得最优解变得越来越困难。TS 算法和 ITS 算法求解时间随着 NC 增大先减少后增加，而 GRASP-TS 算法求解时间呈现出先增加后减少的趋势。

不同算法对于不同 RF 项目的求解结果如表 2-4 所示。

表 2-4　不同算法对于不同 RF 项目的求解结果

活动个数/个	RF	最优解数量/项目总数（单位均为个）			t_{avg} /s			Gap_{avg} /%		
		TS 算法	ITS 算法	GRASP-TS 算法	TS 算法	ITS 算法	GRASP-TS 算法	TS 算法	ITS 算法	GRASP-TS 算法
30	0.25	120/120	120/120	120/120	0.017	0.013	0.017	0.000	0.000	0.000
	0.5	115/120	116/120	119/120	3.590	2.766	4.711	0.185	0.172	0.026
	0.75	78/120	86/120	95/120	3.091	2.370	8.808	2.449	1.755	0.905
	1	63/120	69/120	74/120	2.593	2.378	5.055	2.584	2.192	1.571
60	0.25	115/120	118/120	119/120	3.243	2.743	1.635	0.305	0.049	0.014
	0.5	75/109	76/109	82/109	6.191	6.809	8.724	2.261	2.079	1.921
	0.75	72/92	72/92	72/92	14.721	6.376	6.924	1.420	1.238	1.070
	1	65/79	66/79	65/79	7.354	7.773	5.088	0.782	0.705	0.685

如表 2-4 所示，随着 RF 增大，能够求解得到最优解的项目实例数量不断减少，这是因为 RF 越大，项目活动资源消耗、资源需求越高，问题更加复杂，所以更难求得最优解。随着 RF 增大，最优解求解时间呈现出先增加后减少的趋势，增加是因为问题变得更加复杂，需要花费更多的时间找到最优解；减少是因为能够得到最优解的算例越来越少，而能够得到最优解表明这些算例是相对较为简单的，所以求解最优解时间减少。针对小规模算例，获得的解与最优解的平均差距逐渐增大，因为问题更加复杂，难以得到最优解。针对大规模算例，算法所得解与最优解的平均差值先增大后减小，增大是因为问题更加复杂，难以得到最优解；减小是因为项目算例总数减少，且都是已找到最优解的，相对容易一些，所以能得到近似最优的解。

不同算法对于不同 RS 项目的求解结果如表 2-5 所示。

表 2-5　不同算法对于不同 RS 项目的求解结果

活动个数/个	RS	最优解数量/项目总数（单位均为个）			t_{avg} /s			Gap_{avg} /%		
		TS 算法	ITS 算法	GRASP-TS 算法	TS 算法	ITS 算法	GRASP-TS 算法	TS 算法	ITS 算法	GRASP-TS 算法
30	0.2	60/120	64/120	74/120	3.582	3.323	10.414	3.835	3.285	1.999
	0.5	88/120	94/120	96/120	4.684	3.552	5.800	0.952	0.664	0.439
	0.75	109/120	113/120	118/120	1.837	1.357	3.783	0.387	0.170	0.064
	1	119/120	120/120	120/120	0.015	0.013	0.012	0.043	0.000	0.000
60	0.2	26/52	28/52	29/52	11.290	11.201	6.482	5.193	4.448	3.999
	0.5	65/108	68/108	70/108	28.290	18.286	21.290	1.727	1.554	1.411
	0.75	116/120	116/120	117/120	2.833	3.118	1.589	0.196	0.059	0.059
	1	120/120	120/120	120/120	0.017	0.013	0.012	0.000	0.000	0.000

如表 2-5 所示，得到最优解的项目算例数量随着 RS 增大而增加，因为随着 RS 增大，资源变得更加充足，资源约束强度下降，更容易求解得到最优解。求解时间随着 RS 增大呈现出先增加再减少的趋势，因为随着 RS 增大，部分困难的问题能够求解得到最优解，所以其求解时间增加；随着 RS 进一步增大，问题变得更容易求解，所以求解最优解时间减少。此外，算法所得解与最优解的平均差值随着 RS 增大而减小，因为问题更易于求解，所以解的质量进一步提高。

2.5　本章小结

本章研究了 RCPSPTT 的建模与有效求解算法。与现有绝大多数文献采用活动列表方法不同，本章采用资源流方法对 RCPSPTT 的决策变量进行编码，设计了面向问题特征的邻域算子，分别提出 ITS 算法和 GRASP-TS 算法求解模型。大规模模拟实验结果表明，相较于已有文献中的算法，本章所提两种算法均可针对更多的项目实例求得最优解，其中 GRASP-TS 算法的求解效果最好，可将所得解与最优解间的平均差值降到 1% 以下。本章仅对确定条件下的 RCPSPTT 进行了建模求解，实际中还有很多方面因素和领域问题需要考虑，如多模式（时间–资源权衡）、多目标（如现金流、资源转移成本等）、活动工期不确定性及资源不确定性等，对这些问题尚需要进一步深入研究。

参考文献

[1] ARTIGUES C, MICHELON P, REUSSER S. Insertion techniques for static and dynamic resource-constrained project scheduling[J]. European Journal of Operational Research, 2003, 149(2): 249-267.

[2] HARTMANN S, BRISKORN D. A survey of variants and extensions of the resource-constrained project scheduling problem[J]. European Journal of Operational Research, 2010, 207(1):1-14.

[3] KOLISCH R, SPRECHER A. PSPLIB: A project scheduling problem library[J]. European Journal of Operational Research, 1997, 96(1):205-216.

[4] KRÜGER D, SCHOLL A. A heuristic solution framework for the resource constrained (multi-) project scheduling problem with sequence-dependent transfer times[J]. European Journal of Operational Research, 2009, 197(2): 492-508.

[5] POPPENBORG J, KNUST S. A flow-based tabu search algorithm for the RCPSP with

transfer times[J]. Or Spectrum, 2016, 38(2): 305-334.

[6] 崔南方，梁洋洋. 基于资源流网络与时间缓冲集成优化的鲁棒性项目调度[J]. 系统工程理论与实践，2018，38（1）：102-112.

[7] 胡雪君，赵雁，单汨源，等. 基于自适应大邻域搜索的鲁棒多项目调度方法[J]. 中国管理科学，2022，30（9）：217-231.

RCPSPTT 鲁棒调度与资源流网络集成优化

本章内容提要：本章在传统 RCPSP 中引入资源转移时间，考虑活动工期的不确定性，研究项目鲁棒调度与资源分配集成优化方法。为保证项目在活动工期扰动下尽可能按照基准调度计划稳定执行，分别以最小化总拖期惩罚成本（MinTPC）、最小化额外资源弧数量（MinEA）、最大化活动间成对时差总和（MaxPF）为"解"鲁棒性目标，建立了一个随机规划模型和两个混合整数线性规划模型，分别采用禁忌搜索算法和精确方法求解。在此基础上提出 MinTPC+MaxPF 混合优化策略，采用先优化活动顺序再优化资源转移的两阶段方法构建抗干扰能力强的前摄式调度计划。模拟实验结果表明，两阶段方法 MinTPC+MaxPF 在项目"解"鲁棒性和"质"鲁棒性两方面均能获得最优性能；MinEA 方法的"解"鲁棒性优于 MinTPC 方法，而后者的"质"鲁棒性优于前者。所研究的模型和方法，可以为不确定条件下如何提升带有资源转移时间的项目计划鲁棒性提供依据，为协调活动进度安排和优化资源配置提供指导，从而更好地保证项目按计划稳定执行，提高企业的经济效益。

3.1　问题背景

目前，大部分的研究在确定条件下开展，大都以项目工期最短为优化目标，不能适应复杂环境中不确定性对项目的规划和调度提出的高要求。鲁棒调度作为解决不确定条件下项目调度问题的有效方法，近些年来受到了学者们的广泛关注（崔南方等，2015；何正文等，2016）。该方法在充分挖掘和利用不确定信息的基础上，主动采取一些必要措施，生成"受到保护的"、抗干扰能力强的前摄式调度计划，使不确定性对方案执行的影响最小化。学术界将项目调度的鲁棒性分为"质"鲁棒性和"解"鲁棒性两种："质"鲁棒性是指基准调度计划对应的目标函数值（如项目工期、成本等）对干扰因素的不敏感性；"解"鲁棒性是指基准调度计划与项目实际执行时调度计划之间的差别大小（Van de Vonder 等，2005；Demeulemeester 和 Herroelen，2014）。

为提升项目调度计划的"解"鲁棒性，文献中广泛探讨了两种主要方法，即时间缓冲和鲁棒资源分配（robust resource allocation）。前者是指在项目活动前加入时间缓冲用以吸收各种不确定性的干扰，阻止其在调度计划中的传播，保证项目尽可能按基准调度计划进行；后者旨在通过优化项目活动间可更新资源传递的路径（资源流网络）来提升调度计划的鲁棒性（梁洋洋和崔南方，2020；Leus 和 Herroelen，2004）。

当前，资源流网络优化为研究项目调度问题提供了一种新的思路，资源流网络的优劣直接影响到项目调度计划的鲁棒性。但是，现有鲁棒资源分配研究尚存在以下不足：①上述文献都是针对传统 RCPSP 开展研究的，忽略了资源转移时间对项目调度计划和资源分配方案鲁棒性的影响，难以适用于RCPSPTT。②上述研究都是基于活动开始时间已知的调度计划构建资源流网络的，忽略了活动安排和资源配置决策的相互影响及协调。也就是说，一方面，资源配置与资源转移限制了项目调度计划，即资源转移完成后，后序活动才能开始；另一方面，针对相同的活动安排，不同的资源转移方式会导致调度计划鲁棒性不同。③尽管时间缓冲和鲁棒资源分配两种方法都能构建鲁棒项目调度计划，但二者并不是孤立存在的，不同的时间缓冲大小和位置会影响到资源转移决策，现有研究没有将二者进行有效的结合。

因此，本章基于现实和理论需求，同时考虑资源转移时间和活动工期的不确定性，研究 RCPSPTT 鲁棒调度与资源流网络集成优化方法。针对RCPSPTT 的特征，分别提出三种考虑资源转移时间的鲁棒性衡量指标，构建了一个随机规划模型和两个混合整数线性规划模型，分别采用禁忌搜索算法和精确方法求解；基于此，提出了先优化活动顺序再优化资源转移的两阶段方法。此外，本章还在通过资源分配生成调度计划的基础上，加入时间缓冲，探究时间缓冲策略与鲁棒资源分配策略相结合对项目鲁棒性的影响。最后，本章设计大规模模拟实验对不同优化模型的有效性进行对比分析，并给出了相应的管理启示。

3.2　问题描述与建模

采用节点式网络 $G(N, A)$ 表示一个项目，记活动集合为 $N = \{0,1,\cdots,n,n+1\}$ ，其中 0 和 $n+1$ 分别代表虚拟开始活动和虚拟结束活动，A 代表活动之间的结束–开始型工序优先关系 (i,j) 的集合。记资源类别集合为 K ，第 k（ $k=1,2,\cdots,K$ ）种资源的可用量为 a_k。由于资源的约束性，有限的资源在项目活动间转移会形成资源驱动的新工序约束，假设活动 i 完工后，其占用的资源部分或全部分配给了活动 j ，则活动 i 和活动 j 之间就存在一条资源流，f_{ijk}（ $i,j \in N$ ，$k \in K$ ）表示从活动 i 流向活动 j 的资源 k 的数量。$f_{ijk} > 0$ 表示活动 i 和活动 j 之间存在资源转移关系，以一条资源弧 $(i,j)_k$ 连接活动 i 和活动 j ；将所有的资源弧集合定义为 A_R ，则构成了项目资源流网络 $G(N, A_R)$。资源 k 从活动 i 流向活动 j 需要一定的资源转移时间 $\Delta_{ijk} \geqslant 0$ ，且满足三角形规则，即 $\Delta_{ihk} + \Delta_{hjk} \geqslant \Delta_{ijk}$ ，$\forall i,j,h \in N$ 。

图 3-1 描述了一个带有资源转移时间的项目示例，其中实线表示活动之间的工序优先关系。该项目包括 8 个活动（其中活动 0 和活动 7 为虚拟活动），只用到一种可更新资源（后面省略下标 k ），资源总量为 10 个单位，活动工期、资源需求量及资源转移时间矩阵 Δ 如图 3-1 所示。

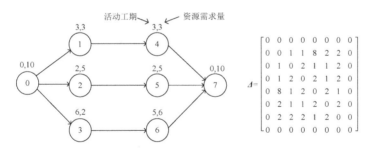

图 3-1　带有资源转移时间的项目示例

图 3-2（a）和图 3-3（a）分别给出了两个可行的资源流网络，其中虚线表示资源驱动的新工序约束（额外资源弧），实线弧和虚线弧上的数字均代表资源转移量。采用 Krüger 和 Scholl（2009）论文中的并行调度（parallel schedule generation scheme，PSGS）策略与 EST 优先规则对资源流网络 $G(N, A \cup A_R)$ 进行解码，则可得到图 3-2（b）和图 3-3（b）所示的项目调度计划，对应的项目工期均为 14 个单位。

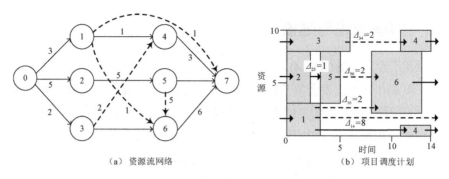

（a）资源流网络　　　　　　（b）项目调度计划

图 3-2　资源流网络及其对应的项目调度计划 I

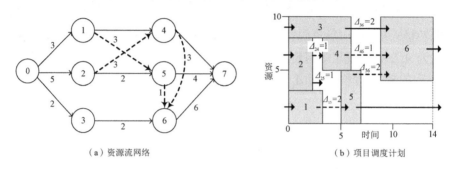

（a）资源流网络　　　　　　（b）项目调度计划

图 3-3　资源流网络及其对应的项目调度计划 II

　　分析图 3-2 和图 3-3 可知，由于资源转移关系及转移时间的不同，同等程度的活动工期扰动对两个可行项目调度计划的鲁棒性具有不同的影响。例如，第一种情况，假设活动 5 的实际工期拖延一个单位，对于项目调度计划 I，将导致活动 6 的开始时间推迟一个单位，项目工期保持 14 个单位不变；而对于项目调度计划 II，同样导致活动 6 的开始时间推迟一个单位，并且导致项目延迟一个单位完工（项目工期为 15 个单位）。第二种情况，假设活动 1 的实际工期拖延 1 个单位，对于项目调度计划 I，将导致活动 4 的开始时间推迟一个单位，最终导致项目延迟一个单位完工（项目工期为 15 个单位）；而对于项目调度计划 II，将导致活动 4、活动 5、活动 6 的开始时间都推迟一个单位，项目同样延迟一个单位完工。值得注意的是，第二种情况下虽然项目工期都延迟了一个单位，但是对项目调度计划的影响不同，项目调度计划 I 仅影响了后续一个活动（活动 4），项目调度计划 II 影响了后续三个活动（活动 4～活动 6），因此对项目调度计划的扰动差异很大，不同项目调度计划的"解"鲁棒性不同。那么，如何判断上述哪一个项目调度计划应对活动拖期风险的能力更强？为此，需要设计合理的指标对 RCPSPTT 调度计划的鲁棒性进行描述，以期构建抗干扰能力强的 RCPSPTT 鲁棒调度计划与资源分配（转移）方案。

3.3　随机规划模型

本章所研究的鲁棒 RCPSPTT 具体表述为：项目决策者需要同时考虑工序优先关系、资源可用量约束、项目交付期限及随机活动工期，确定如何安排活动执行顺序及资源转移次序，以使调度计划的"解"鲁棒性最强。

模型参数及其含义如表 3-1 所示。

表 3-1　模型参数及其含义

模型参数	含义
J	项目的实体活动集合，$J = \{1,2,\cdots,n\}$
N	项目的实体活动及虚拟活动集合，$N = J \cup \{0,n+1\}$
Pred_j	活动 j 的直接前序活动的集合，$\mathrm{Pred}_j \subseteq N \setminus \{j,n+1\}$，$\forall j \in J \cup \{n+1\}$
Pred'_j	活动 j 的所有直接和间接前序活动的集合，$\forall j \in J \cup \{n+1\}$
Succ_j	活动 j 的直接后序活动的集合，$\mathrm{Succ}_j = \{i \mid i \in J \cup \{n+1\} \wedge j \in \mathrm{Pred}_i\}$，$\forall j \in J \cup \{0\}$
Succ'_j	活动 j 的所有直接和间接后序活动的集合，$\forall j \in J \cup \{0\}$
Jr_j	需要活动 $j \in J$ 所释放资源的活动集合，$\mathrm{Jr}_j = J \cup \{n+1\} - \{j\} - \mathrm{Pred}'_j$
Js_j	资源可供活动 $j \in J$ 使用的活动集合，$\mathrm{Js}_j = J \cup \{0\} - \{j\} - \mathrm{Succ}'_j$
d_j	活动 j 的计划工期（期望工期），$j \in N$，$d_0 = d_{n+1} = 0$
d_j^{R}	项目执行时活动 j 的实际工期（随机变量），$j \in N$，$d_0^{\mathrm{R}} = d_{n+1}^{\mathrm{R}} = 0$
K	可更新资源类别集合
a_k	资源 $k \in K$ 的可用量/供应量
r_{jk}	活动 j 对资源 $k \in K$ 的单位时段资源需求量，$j \in N$，$r_{0,k} = r_{n+1,k} = a_k$
Δ_{ijk}	资源 k 从活动 i 流向活动 j 需要的转移时间，$i,j \in N$，$k \in K$，$\Delta_{0,n+1,k} = 0$
D	项目截止日期/交付日期
T	项目完成时间可能的最大值，$t = 0,1,\cdots,T$
w_j	活动 j 实际开始时间偏离计划开始时间的单位惩罚成本，$j \in N$，$w_0 = 0$

决策变量定义如下。

s_j 为活动 j 的计划开始时间，$j \in N$；

$$x_{jt} = \begin{cases} 1 & \text{活动} j \text{在时刻} t \text{开始} \\ 0 & \text{活动} j \text{不在时刻} t \text{开始} \end{cases}, \quad \forall t = 1,2,\cdots,T,\ j \in N;$$

f_{ijk} 为活动 i 流向活动 j 的第 k 种资源的数量，$i,j \in N, k \in K$；

$$y_{ijk} = \begin{cases} 1 & f_{ijk} > 0 \\ 0 & f_{ijk} \leqslant 0 \end{cases}, \quad i,j \in N,\ k \in K \text{。}$$

为有效衡量 RCPSPTT 调度计划的"解"鲁棒性，本节基于先前的研究工作（梁洋洋和崔南方，2020；Wang 等，2021；胡雪君等，2020），采用开始时间关键度（STC）指标来度量项目延迟开工造成的期望损失。活动 j 的 STC_j 定义为

$$STC_j = w_j \times \Pr(s_j^R > s_j) = w_j \times \sum_{\forall i:(i,j)\in A\cup A_R} \Pr(d_i^R > s_j - s_i - LPL(i,j)) \quad (3\text{-}1)$$

其中权重 w_j 表示活动 j 拖期所产生的单位惩罚成本，包括组织成本、协调成本和库存成本等。$\Pr(s_j^R > s_j)$ 表示活动 j 受到其紧前活动 i 的影响而延迟开工的风险概率。由于活动 i 的拖期风险既可以通过项目网络 $G(N,A)$ 直接传递给具有逻辑约束关系的后序活动，又可以通过资源流网络 $G(N,A_R)$ 影响资源驱动的后序活动的正常开工，因此 $LPL(i,j)$ 是指网络 $G(N,A\cup A_R)$ 中活动 i 到活动 j 的最长路径。需要注意的是，如果活动 i 和活动 j 之间存在一条或多条资源流（$\exists k:y_{ijk}=1$），则计算活动 i 和活动 j 之间的最长路径时，还需要考虑活动间的资源转移时间 $\max_{k\in K}\{\Delta_{ijk}y_{ijk}\}$。

当活动工期的分布已知，基于活动 i,j 的计划开始时间和 $LPL(i,j)$ 就可以计算出活动 j 的 STC_j 值，进而可以计算由于活动拖期给整个项目带来的总拖期惩罚成本（tardiness penalty cost，TPC），$TPC = \sum_{j\in J} STC_j$。可以看出，该指标兼顾了调度计划中的活动偏离成本、活动工期波动水平、活动间工序约束及资源转移时间等项目特征，并且不需要通过模拟项目执行就可以定量计算出来。活动的实际开始时间与计划开始时间发生偏离的程度越大，调度计划的鲁棒性越差，TPC 越大；反之，调度计划的鲁棒性越强。

据此，以最小化所有活动 STC_j 之和为优化目标，建立 MinTPC 模型如下。

$$\min \quad TPC = \sum_{j\in J} STC_j \quad (3\text{-}2)$$

$$s_i + d_i - s_j \leqslant 0, \quad \forall i\in J\cup\{0\}, \ j\in Succ_i \quad (3\text{-}3)$$

$$s_i + d_i + \Delta_{ijk} - s_j \leqslant T(1-y_{ijk}), \quad \forall i\in J\cup\{0\}, \ j\in Jr_i, \ k\in K \quad (3\text{-}4)$$

$$\sum_{t=0}^{T-d_j} x_{jt} = 1, \ j\in N \quad (3\text{-}5)$$

$$s_j = \sum_{t=0}^{T-d_j} t\times x_{jt}, \ j\in N \quad (3\text{-}6)$$

$$\sum_{i\in Js_j} f_{ijk} = \sum_{i\in Jr_j} f_{jik} = r_{jk}, \quad \forall j\in N, \ k\in K \quad (3\text{-}7)$$

$$f_{ijk} \leqslant y_{ijk}\times\min\{r_{ik},r_{jk}\}, \quad \forall i\in N, \ j\in Jr_i, \ k\in K \quad (3\text{-}8)$$

$$y_{ijk} \leqslant f_{ijk}, \quad \forall i\in N, \ j\in Jr_i, \ k\in K \quad (3\text{-}9)$$

$$\sum_{j\in N}\sum_{\tau=t-d_j}^{t} r_{jk}x_{j\tau} \leqslant a_k, \quad \forall t\in T, \ k\in K \quad (3\text{-}10)$$

$$s_{n+1} \leqslant D \quad (3\text{-}11)$$

$$s_j \in Z^+, \quad \forall j \in N \qquad (3\text{-}12)$$

$$x_{jt} = \{0,1\}, \quad \forall t = 0,1,\cdots,T, \ j \in N \qquad (3\text{-}13)$$

$$f_{ijk} \in Z^+, \ y_{ijk} = \{0,1\}, \quad \forall i \in J \bigcup \{0\}, \ j \in \mathrm{Jr}_i, \ k \in K \qquad (3\text{-}14)$$

式（3-2）为目标函数，表示最小化所有活动的拖期惩罚成本之和。式（3-3）是活动优先关系约束，即活动 i 完成之前，其紧后活动 j 不能开始。式（3-4）表示活动开始时间与资源转移时间的关系，即如果资源 k 从活动 i 转移到活动 j，那么活动 j 必须在活动 i 结束且资源转移完成之后才能开始。式（3-5）表示任意活动 j 只能在一个时间点开始。式（3-6）表示活动开始时间 s_j 与决策变量 x_{jt} 的关系。式（3-7）是资源流平衡约束，表示流入活动 j 的资源 k 的总量与流出该活动的资源 k 的总量必须相等，且等于该活动对资源 k 的需求量。式（3-8）和式（3-9）共同定义了 y_{ijk} 和 f_{ijk} 之间的关系，即当活动之间存在资源转移时，$y_{ijk}=1$，否则 $y_{ijk}=0$。式（3-10）是资源需求约束，表示任意时刻正在进行的活动对于资源 k 的消耗量不超过资源总供应量。式（3-11）为项目交付日期约束。式（3-12）～式（3-14）定义了决策变量的可行域。

此外，由式（3-1）可知，活动 STC_j 值与工期不确定水平有关，不同的不确定水平下 MinTPC 方法获得的解方案可能不相同。本节假设活动工期服从均值为基准调度计划时间 d_j、标准差为 σ_1 的对数正态分布，以 σ_1 来衡量工期波动大小。考虑到项目团队在制订计划时通常很难准确预知项目在执行阶段的实际不确定水平，本节将计划阶段的工期不确定水平分别设置为低（L）、中（M）、高（H）三个等级，表示为 $\sigma_1 \in \{L,M,H\}$。

3.4　ITS 算法

上述 MinTPC 模型中含有随机变量，目标函数非凸且不具有明确的表达式，不能采用规划软件或精确方法直接求解，因此本节在 Poppenborg 和 Knust（2016）研究工作的基础上，设计了 ITS 算法。

3.4.1　编码与解码设计

针对 RCPSPTT，Poppenborg 和 Knust（2016）用资源流 f_{ijk}（$i,j \in N$，$k \in K$）进行编码（记为资源流列表 ResF），并从理论上证明了资源流编码方式一定能够得到最短工期问题的最优解。MinTPC 模型旨在给定完工期限约束下最小化项目总拖期惩罚成本，因此为了进一步增强调度计划的鲁棒性，考虑将时间缓冲策略和鲁棒资源分配策略相结合，在资源流列表 ResF 基础上，另外定义了一组时间缓冲列表 $\text{Buf} = (B_0, B_1, \cdots, B_n, B_{n+1})$，其中元素 $B_j \in Z^+$ 表示活动 $j \in N$ 之前插入的时间缓冲大小，$B_j = 0$ 表示活动 j 之前没有时间缓冲。采用"资源流–时间缓冲"列表的混合编码表示可行解的结构，记为 $\text{Ind} = \{\text{ResF}, \text{Buf}\}$。

当对以上编码进行解码时，按照改进的 PSGS 策略与 ES 优先规则进行，获得工序和资源可行的项目调度计划。解码之后需要判断解方案是否可行，判断准则为项目是否在截止日期 D 之前完工：如果是，则为可行解；否则为不可行解。

3.4.2 邻域操作

本节 ITS 算法分别针对资源流列表 ResF 和时间缓冲列表 Buf 进行邻域操作，以获得当前解的邻域解。其中，当前时间缓冲列表的邻域解由每个活动前的时间缓冲增大或减小一个单位产生；当前资源流列表的邻域解由重构邻域算子 N_{reroute} 和反转邻域算子 N_{reverse} 生成。

1）重构邻域算子 N_{reroute}

选择两条资源弧 $(i,j)_k$ 和 $(u,v)_k$，其中资源弧 $(i,j)_k$ 从关键路径中选择，$(u,v)_k$ 任意选择，满足如下条件：①资源转移量 $f_{ijk} > 0$，$f_{uvk} > 0$；②在集成资源流的网络 $(N, A \cup A_R)$ 中，活动 j 与活动 u 之间、活动 v 与活动 i 之间均不存在紧前关系。按照以下方式对资源流网络进行重构：$f'_{ijk} = f_{ijk} - q$，$f'_{uvk} = f_{uvk} - q$，$f'_{ivk} = f_{ivk} + q$，$f'_{ujk} = f_{ujk} + q$，取 $q = \min\{f_{ijk}, f_{uvk}\}$。基于图 3-1 所示的 RCPSPTT 项目案例，图 3-4 给出了对一个可行资源流网络进行重构操作的示例，其中粗虚线表示关键路径，选定的两条资源弧分别为 $(1,4)$ 和 $(2,5)$。

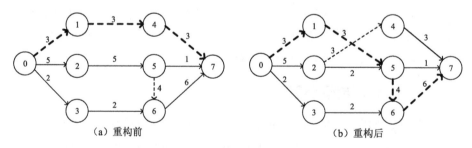

（a）重构前 　　　　　　　　　　　　　（b）重构后

图 3-4　重构邻域算子 N_{reroute} 示意图

2）反转邻域算子 N_{reverse}

如图 3-5 所示，反转邻域算子包括如下步骤。

　　步骤 1，在集成资源流网络 $G \cup G' = (N, A \cup A_R)$ 中，随机选择关键路径上的两个活动 (i, j)，满足条件：①资源转移量 $f_{ijk} > 0$；②活动 i 和活动 j 之间不存在直接或间接的紧前关系（既没有直接或间接工序约束关系，也不存在经过其他中间活动的资源流路径）。

　　步骤 2，对于每一种资源 k，如果 $f_{ijk} > 0$，基于活动结束时间选择活动 $u \in J \cup \{s\}$，即优先选择结束时间最早的活动，获得活动集合 U_k，满足如下约束：①资源流 $f_{uik} > 0$；② $\sum\limits_{u \in U_k} f_{uik} \geq f_{ijk}$；③集合 U_k 为最小集合，即除去任意一个活动，则不满足条件①～条件②。如果多个活动具有相同的结束时间，则优先选择编号小的活动。类似地，基于资源转移时间选择活动 $v \in J \cup \{e\}$，即优先选择资源转移时间较少的活动，获得活动集合 V_k，满足条件：①资源流 $f_{jvk} > 0$；② $\sum\limits_{v \in V_k} f_{jvk} \geq f_{ijk}$；③集合 V_k 是最小集合。如果多个活动具有相同的资源转移时间，则优先选择编号小的活动。

　　步骤 3，对于每一种资源 k，如果 $f_{ijk} > 0$，假设 U_k 中有 a_k 个活动，V_k 中有 b_k 个活动，则对资源弧 $(i, j)_k$ 进行反转，即新的资源流网络中 $f'_{jik} = f_{ijk}$，$f'_{ijk} = 0$。

　　步骤 4，对于每一种资源 k，如果 $f_{ijk} > 0$，调整集合 U_k、V_k 相关的资源弧。对于集合 U_k 中的前 $a_k - 1$ 个活动 $\lambda = 1, 2, \cdots, a_{k-1}$，资源转移量 $f_{u_\lambda ik}$ 更改为从活动 u_λ 到活动 j，即 $f'_{u_\lambda jk} = f_{u_\lambda jk} + f_{u_\lambda ik}$，$f'_{u_\lambda ik} = 0$；对于最后一个活动 a_k，资源转移量为 $q_{a_k} = f_{ijk} - \sum\limits_{\lambda=1}^{a_{k-1}} f_{u_\lambda ik}$，即 $f'_{u_{a_k} jk} = f_{u_{a_k} jk} + q_{a_k}$，$f'_{u_{a_k} ik} = f_{u_{a_k} ik} - q_{a_k}$。类似地，对于集合 V_k 中的前 $b_k - 1$ 个活动 $\lambda = 1, 2, \cdots, b_{k-1}$，资源转移量 $f_{jv_\lambda k}$ 更改为从活动 i 到活动 v_λ，即 $f'_{iv_\lambda k} = f_{iv_\lambda k} + f_{jv_\lambda k}$，$f'_{jv_\lambda k} = 0$；对于最后一个活动 b_k，资源转移量为 $q_{b_k} = f_{ijk} - \sum\limits_{\lambda=1}^{b_{k-1}} f_{jv_\lambda k}$，即 $f'_{iv_{b_k} k} = f_{iv_{b_k} k} + q_{b_k}$，$f'_{jv_{b_k} k} = f_{jv_{b_k} k} - q_{b_k}$。

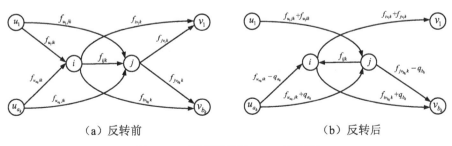

（a）反转前　　　　　　　　　　（b）反转后

图 3-5　反转邻域算子 N_{reverse} 示意图

类似地，采用改进的 PSGS 策略与 EST 优先规则对插入时间缓冲的网络 $G(N, A \cup A_R)$ 进行解码，如果得到的项目工期在截止日期以内，则该邻域解为候选解；否则，该邻域解不成立。此外，当流入某活动的可用资源总量超过该活动所需资源量时，还需要定义相应的资源转移优先规则，本节采用 MinGap 规则，即选择资源最早到达时间与活动开始时间之差最小的活动进行资源转移。

3.4.3 ITS 算法流程

基于以上编码、解码和邻域操作，本节设计了带精英解策略的 ITS 算法对 MinTPC 模型求解，算法详细步骤总结如下。

步骤 1，采用 PSGS 算法生成初始资源流网络和初始调度计划，其中活动优先规则为 LFT；置禁忌列表为空。

步骤 2，判断算法是否满足终止条件，若是，则结束算法并输出最优结果；否则，转到步骤 3。

步骤 3，基于邻域结构由当前解产生邻域解。

步骤 4，判断邻域解集是否为空，若是，则转到步骤 7；否则，转到步骤 5。

步骤 5，判断当前解的邻域解是否被禁忌，若是，则转到步骤 4；否则，转到步骤 6。

步骤 6，判断当前邻域解是否改进当前解，若是，则以当前邻域解为新的当前解，保存该邻域解为精英解，更新禁忌列表，转到步骤 2；否则，转到步骤 4。

步骤 7，判断是否已获得可行的邻域解，若是，则当前最优解未改进代数 $t = t+1$，转到步骤 8；否则，转到步骤 9。

步骤 8，判断未改进代数 t 是否达到预设阈值 p，若否，则选择最优的邻域解作为新的当前解，更新禁忌列表，转到步骤 3；如果未改进代数 t 达到阈值 p 而未达到阈值 q（$q > p$），则转到步骤 9；否则，如果达到阈值 q，则转到步骤 10。

步骤 9，判断是否存在精英解，若是，则选择最早的精英解作为当前解，转到步骤 3；否则，转到步骤 10。

步骤 10，采用 PSGS 算法重新生成初始解，转到步骤 3。

在本节实验中，ITS 算法终止条件设定为最大迭代次数 Iter = 10000 次。在每次迭代中，最多访问 50 个重构邻域解 N_{reroute}，以及 5 个反转邻域解 N_{reverse}。算法搜索过程中最多保留 1 个精英解，当最优解未改进代数达到阈值 $p = 750$ 或不存在可行邻域解时，则搜索过程从当前精英解重启；如果当前最优解未改

进代数达到阈值 $q=1500$，则采用 PSGS 策略重新生成初始解，重启搜索过程。禁忌列表的长度设为 $T_{tabu}=\text{rand}(a)+\alpha\times|N|$，其中 $|N|$ 为邻域解数量，$a=5$，$\alpha=0.3$。

3.5　RCPSPTT 优化代理模型

为评价上述模型和算法的有效性，同时避免使用随机变量，本节设计了两种考虑资源转移的鲁棒性衡量指标，并构建了相应的 RCPSPTT 优化代理模型，分别记为 MinEA 模型和 MaxPF 模型。

3.5.1　MinEA 模型

Deblaere 等（2007）的研究表明，项目活动之间由于资源转移而施加的额外约束（资源弧）的数量越少，项目调度计划执行通常越稳定；但是他们的研究没有考虑资源转移时间对项目调度计划的影响，不适用于 RCPSPTT。为此，本节补充定义 0-1 决策变量 z_{ij}：如果任一资源 $k\in K$ 从活动 i 流向活动 j，则 $z_{ij}=1$；否则，$z_{ij}=0$。以最小化额外资源弧（extra arcs，EA）数量为目标，针对 RCPSPTT 建立 MinEA 模型如下。

$$\min\quad \text{EA}=\sum_{i\in J}\sum_{j\in \text{Jr}_i}z_{ij} \tag{3-15}$$

满足约束（3-3）～约束（3-14），以及

$$\sum_{j\in J}f_{0jk}=\sum_{j\in J}f_{j,n+1,k}=a_k，\quad \forall k\in K \tag{3-16}$$

$$y_{ijk}\leqslant z_{ij}，\quad \forall i\in J\bigcup\{0\},\ j\in \text{Jr}_i,\ k\in K \tag{3-17}$$

$$z_{ij}\in\{0,1\}，\quad \forall i\in J\bigcup\{0\},\ j\in \text{Jr}_i \tag{3-18}$$

式（3-16）表示对任意资源 $k\in K$，从虚拟开始活动流出的资源数量等于流入虚拟结束活动的资源数量，并且都等于该资源的可用量 a_k。式（3-17）表示对任意资源 $k\in K$，只要 y_{ijk} 取值为 1（$f_{ijk}>0$），则 $z_{ij}=1$。式（3-18）为变量 z_{ij} 的可行域。需要指出的是，Deblaere 等（2007）针对 RCPSP 先获得一个工期最短的基准调度计划，由于活动开始时间已知，其模型建立在可能的额外资源弧集合已知的基础上。而鲁棒调度与资源分配是一个集成优化问题，对活动开始时间和资源流同时决策，不存在确定的额外资源弧集合，建模求解更加复杂。

3.5.2　MaxPF 模型

我们知道，如果活动 i 和活动 j 之间的自由时差越大，那么其吸收工期扰

动的能力越强，即前序活动 i 拖期对后序活动 j 的影响越小。因此，部分学者考虑增大具有前后序关系的两两配对活动之间的时差，以达到提高调度计划鲁棒性的目的（张静文等，2018）。针对 RCPSP，Deblaere 等（2007）对于所有满足 $s_i + d_i \leqslant s_j$ 的活动对 (i, j)，定义了一个成对时差（pairwise float，PF）指标，其值等于活动 j 的开始时间与活动 i 的结束时间之差，$\text{PF}_{ij} = s_j - (s_i + d_i)$。需要注意的是，Deblaere 等（2007）关于时差的定义不适用于本节研究的 RCPSPTT。首先，Deblaere 等（2007）是在活动开始时间 $s_j (j \in J)$ 已知的基础上定义活动时差的，即所有活动前后序关系已知，因此活动对 (i, j) 的 PF_{ij} 可以作为参数，在问题建模前计算获得。

然而，本节研究的是一个项目调度和资源流集成优化问题，活动开始时间 s_j 同样是未知的决策变量，因此活动时差与开始时间的关系必须通过约束的方式加入模型，加上考虑资源流决策的影响，使问题建模更加困难。RCPSPTT 中活动 j 的开始时间与活动 i 的结束时间之差不仅取决于活动对 (i, j)，还依赖于资源种类 k 及是否存在资源转移，因此本节定义活动对 (i, j) 相对于资源 k 的成对时差为 $\text{PF}_{ijk} = s_j - (s_i + d_i + y_{ijk}\Delta_{ijk})$。此外，定义 MSPF_{ijk}（$k \in K$）为活动 i 到活动 j 的所有资源转移路径中成对时差之和的最小值，即活动 i 发生拖期而不会导致活动 j 的开始时间被推迟的最大量（可能为 0）。进一步地，本节定义 $\text{pf}_{ij} = \min_{k \in K}\{\text{MSPF}_{ijk}\}$，表示对于所有资源种类及资源转移路径，活动 i 可以拖期（不会导致活动 j 的开始时间被推迟）的最大量（可能为 0）。

例如，针对图 3-3 所示的资源流网络与项目调度计划，从活动 2 到活动 6 存在两条资源转移路径。路径 2-4-6 的成对时差之和为 $\text{PF}_{2,4,1} + \text{PF}_{4,6,1} = 0 + 2 = 2$；另一条路径 2-5-6 的成对时差之和为 $\text{PF}_{2,5,1} + \text{PF}_{5,6,1} = 2 + 0 = 2$。因此，$\text{MSPF}_{2,6,1} = \min\{2, 2\} = 2$，由于该案例仅包含一种资源，所以 $\text{pf}_{2,6} = \text{MSPF}_{2,6,1} = 2$。这意味着活动 2 可以拖期 2 个单位完工而不影响活动 6 的开始。显然，pf_{ij} 值越大，对应的项目调度计划及其资源流网络越稳定。

基于以上定义，以最大化活动成对时差总和为目标，建立 MaxPF 模型如下。

$$\max \quad \text{PF} = \sum_{i \in J \bigcup\{0\}} \sum_{j \in \text{Jr}_i} \text{pf}_{ij} \tag{3-19}$$

满足约束（3-3）～约束（3-14），以及

$$\text{PF}_{ijk} = \max\{0, s_j - (s_i + d_i + y_{ijk}\Delta_{ijk})\}, \ i \in J \bigcup\{0\}, \ j \in \text{Jr}_i, \ k \in K \tag{3-20}$$

$$\text{MSPF}_{ijk} \leqslant \text{PF}_{ilk} + \text{MSPF}_{ljk}, \ i \in J \bigcup\{0\}, \ j \in \text{Jr}_i, \ l \in \text{Succ}_i \bigcap \text{Js}_j, \ k \in K \tag{3-21}$$

$$\text{MSPF}_{ijk} \leqslant \text{PF}_{ilk} + \text{MSPF}_{ljk} + M(1 - y_{ilk}), \ i \in J \bigcup \{0\}, \ j \in \text{Jr}_i, \ l \in \text{Jr}_i \bigcap \text{Js}_j, \ k \in K$$

$$(3\text{-}22)$$

$$\text{MSPF}_{ijk} \leqslant \text{PF}_{ijk}, \ i \in J \bigcup \{0\}, \ j \in \text{Succ}_i, \ k \in K \qquad (3\text{-}23)$$

$$\text{MSPF}_{ijk} \leqslant \text{PF}_{ijk} + M(1 - y_{ijk}), \ i \in J \bigcup \{0\}, \ j \in \text{Jr}_i, \ k \in K \qquad (3\text{-}24)$$

$$\text{MSPF}_{iik} = 0, \ i \in J \bigcup \{0\}, \ k \in K \qquad (3\text{-}25)$$

$$\text{MSPF}_{ijk} \leqslant C, \ i \in J \bigcup \{0\}, \ j \in \text{Jr}_i, \ k \in K \qquad (3\text{-}26)$$

$$\text{pf}_{ij} \leqslant \text{MSPF}_{ijk}, \ k \in K \qquad (3\text{-}27)$$

$$\text{MSPF}_{ijk} \in Z^+, \ i \in J \bigcup \{0\}, \ j \in \text{Jr}_i, \ k \in K \qquad (3\text{-}28)$$

式（3-19）为目标函数，表示最大化所有可能发生资源转移的活动对(i, j)的成对时差之和。式（3-20）表示对任意资源$k \in K$，如果活动j在活动i完成之后开始，则时差$\text{PF}_{ijk} = s_j - (s_i + d_i + y_{ijk}\Delta_{ijk})$；否则$\text{PF}_{ijk} = 0$。式（3-21）～式（3-22）以递归的方式计算$(i, j)_k$的成对时差，其中式（3-21）对于$(i, j)_k$定义了三角形不等式，其中活动$l$是活动$i$的紧后活动；式（3-22）中如果可能的资源弧$(i, l)_k$不存在（$y_{ilk} = 0$），则式（3-22）不具有约束力，其中$M$是一个充分大的常数（下同）。式（3-23）针对活动j是活动i的紧后活动的情况，给出了$(i, j)_k$成对时差的上限；类似地，式（3-24）中如果可能的资源路径$(i, j)_k$不存在，则式（3-24）不具有约束力。式（3-25）表示每个活动相对于其自身的成对时差为0。需要指出的是，对于$(i, j)_k$，如果所有的MSPF_{ijk}相关约束都不具有约束力，则说明活动i和活动j是工序优先关系独立且资源关系独立的一对活动，此时MSPF_{ijk}将达到一个最大值C，如式（3-26）所示。式（3-27）表示成对时差pf_{ij}值等于所有资源种类$k \in K$中MSPF_{ijk}的最小值。式（3-28）为变量MSPF_{ijk}的可行域。需要注意的是，任意$(i, j)_k$之间只要存在可能的资源路径，即可计算成对时差PF_{ijk}和MSPF_{ijk}，不需要存在直接的资源弧。

显然，由于约束（3-20）是非线性约束，上述模型不能直接求解。因此，需要将约束（3-20）重新表述为

$$\text{PF}_{ijk} \geqslant \max\left\{0, s_j - (s_i + d_i + y_{ijk}\Delta_{ijk})\right\}, \ i \in J \bigcup \{0\}, \ j \in \text{Jr}_i, \ k \in K \qquad (3\text{-}29)$$

$$\text{PF}_{ijk} \leqslant \max\left\{0, s_j - (s_i + d_i + y_{ijk}\Delta_{ijk})\right\}, \ i \in J \bigcup \{0\}, \ j \in \text{Jr}_i, \ k \in K \qquad (3\text{-}30)$$

对于式（3-29），很容易将其线性化为

$$\text{PF}_{ijk} \geqslant 0, \ i \in J \bigcup \{0\}, \ j \in \text{Jr}_i, \ k \in K \qquad (3\text{-}31)$$

$$\text{PF}_{ijk} \geqslant s_j - (s_i + d_i + y_{ijk}\Delta_{ijk}), \ i \in J \bigcup \{0\}, \ j \in \text{Jr}_i, \ k \in K \qquad (3\text{-}32)$$

但是，对于式（3-30），则需要引入辅助变量ϕ_{ijk}，$i \in J \bigcup \{s\}$，$j \in \text{Jr}_i$，$k \in K$。

其中 $\phi_{ijk}=1$，如果 $s_j-(s_i+d_i+y_{ijk}\Delta_{ijk})\geqslant 0$；否则，$\phi_{ijk}=0$。因此，可以将式（3-30）重新表述为

$$\mathrm{PF}_{ijk}\leqslant s_j-(s_i+d_i+y_{ijk}\Delta_{ijk})+M(1-\phi_{ijk}),\ i\in J\cup\{0\},\ j\in \mathrm{Jr}_i,\ k\in K \qquad (3\text{-}33)$$

$$\mathrm{PF}_{ijk}\leqslant M\phi_{ijk},\ i\in J\cup\{0\},\ j\in \mathrm{Jr}_i,\ k\in K \qquad (3\text{-}34)$$

$$s_j-(s_i+d_i+y_{ijk}\Delta_{ijk})+M(1-\phi_{ijk})\geqslant 0,\ i\in J\cup\{0\},\ j\in \mathrm{Jr}_i,\ k\in K \qquad (3\text{-}35)$$

$$s_j-(s_i+d_i+y_{ijk}\Delta_{ijk})-M\phi_{ijk}<0,\ i\in J\cup\{0\},\ j\in \mathrm{Jr}_i,\ k\in K \qquad (3\text{-}36)$$

式（3-33）表示如果活动 j 在活动 i 完成之后开始，则 $\mathrm{PF}_{ijk}=s_j-(s_i+d_i+y_{ijk}\Delta_{ijk})$；否则，$\mathrm{PF}_{ijk}=0$，如式（3-34）所示。式（3-35）和式（3-36）表示如果 $s_j-(s_i+d_i+y_{ijk}\Delta_{ijk})\geqslant 0$，则 $\phi_{ijk}=1$；而如果 $s_j-(s_i+d_i+y_{ijk}\Delta_{ijk})<0$，则 $\phi_{ijk}=0$。

3.5.3　MinTPC 与 MaxPF 混合优化模型

上述 MinEA 模型和 MaxPF 模型均为混合整数线性规划模型，可以采用 CPLEX 优化软件进行求解。通过预实验结果可知，由于 MaxPF 模型结构复杂，变量数多，难以在有限的时间和空间内求解得到模型最优解，针对部分复杂问题实例甚至难以直接求解得到可行解。因此，本节提出 MinTPC 与 MaxPF 混合优化模型，对 MaxPF 模型进行降维：首先，通过求解 MinTPC 模型获得一个基准资源流网络和基准调度计划；然后，将基准调度计划中的活动开始时间作为已知参数，代入 MaxPF 模型，以最大化活动成对时差总和为优化目标，进一步优化资源流决策，进而生成最优的项目调度计划，该方法记为 MinTPC+MaxPF。

3.6　算例介绍

本节以图 3-1 所示的带有资源转移时间的项目为例，分别采用 MinTPC、MinTPC+MaxPF、MinEA、MaxPF 方法获得活动开始时间与资源分配方案（取 $\sigma_1=0.5$），项目调度计划如图 3-6 所示。

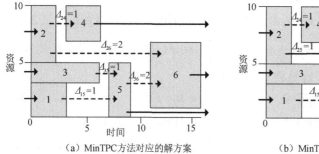
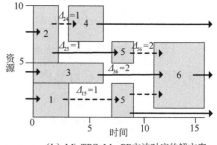

（a）MinTPC方法对应的解方案　　　　（b）MinTPC+MaxPF方法对应的解方案

图 3-6　项目调度计划

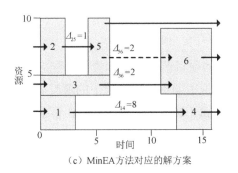
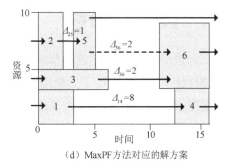

（c）MinEA方法对应的解方案　　　　　（d）MaxPF方法对应的解方案

图 3-6　项目调度计划（续）

其中，图 3-6（a）和图 3-6（b）是采用 MinTPC 和 MinTPC+MaxPF 方法生成的解方案，二者对应的项目调度计划具有相同的活动开始时间，但是资源转移方式不相同。例如，图 3-6（a）中活动 5 所需资源由活动 1 和活动 3 提供，活动 3 的完工时间是 6，活动 5 的开始时间是 7，资源从活动 3 流向活动 5 需要的转移时间为 $\Delta_{35}=1$，因此活动 3 和活动 5 之间没有时间缓冲，活动 3 一旦拖期一定会影响活动 5 的正常开工；而采用 MinTPC+MaxPF 方法基于相同的活动进度进一步优化资源转移决策，活动 5 所需资源由活动 1 和活动 2 提供，活动 2 的完工时间是 2，资源从活动 2 流向活动 5 需要的转移时间为 $\Delta_{25}=1$，因此活动 2 和活动 5 之间有 4 个单位的时间缓冲，活动 2 至少发生 4 个单位的拖期才会影响到活动 5 按计划开工。可见，针对本例图 3-6（a）、图 3-6（b）所示的两个解方案，采用 MinTPC+MaxPF 方法可以更有效地应对活动的拖期风险，提升调度计划的鲁棒性。

图 3-6（c）和图 3-6（d）是采用 MinEA 和 MaxPF 方法生成的解方案，二者对应的资源流网络完全相同（只有一条额外资源弧(5,6)），但是活动开始时间不一样。图 3-6（d）中活动 5 的开始时间是 3，图 3-6（c）中活动 5 的开始时间是 4，这意味着图 3-6（d）中活动 2 一旦拖期一定会导致活动 5 不能按照基准调度计划开工（ $\Delta_{25}=1$ ），而图 3-6（c）中活动 2 和活动 5 之间有一个单位的时间缓冲，活动 2 延迟一个单位完工不影响活动 5 正常开始。可见，针对本例图 3-6（c）、图 3-6（d）所示的两个解方案，MinEA 方法比 MaxPF 方法应对活动拖期风险的能力更强。

以上分析进一步表明，现有鲁棒资源分配相关研究基于活动开始时间已知的项目调度计划来优化资源分配决策，实际上具有一定的局限性，不能保证从全局角度获得鲁棒性最优的解方案，因此有必要对活动进度安排和资源转移决策进行集成优化。

3.7 模拟实验分析

为进一步评价上述四种优化方法得到的项目调度计划和资源分配方案的鲁棒性优劣，本节设计了大量模拟实验，模拟工期不确定环境下的项目实际运行情况。所选取的测试集为 Krüger 和 Scholl（2009）基于 PSPLIB 标准例库（Kolisch 和 Sprecher，1997）构建的 RCPSPTT 标准问题集（Poppenborg 和 Knust，2016；Kadri 和 Boctor，2018），其中由 30 个活动组成的 J30 例库包含 480 个项目实例，每 10 个为一组，每组具有相同的网络参数和资源参数。由于测试所有项目实例需要花费大量时间，本实验选取 J30 例库每组中的第一个项目（J301_1,J302_1,…,J3048_1），共 48 个例子组成测试集。

此外，为了显示插入时间缓冲对 RCPSPTT 项目鲁棒性的影响，本节将只采用资源流列表编码、不插入时间缓冲的方法记为 MinTPC$_1$，采用"资源流-时间缓冲"列表混合编码求解的方法记为 MinTPC$_2$。如此，三种计划阶段估计的工期不确定水平（$\sigma_1 \in \{L,M,H\}$）和两种编码方式组合成六种优化方法，分别记为 MinTPC$_1^L$、MinTPC$_1^M$、MinTPC$_1^H$、MinTPC$_2^L$、MinTPC$_2^M$ 和 MinTPC$_2^H$，实验中取 $\sigma_1 = \{0.3,0.5,0.8\}$。MinTPC 模型及禁忌搜索算法采用 MATLAB 编译程序；MinEA 和 MaxPF 模型采用 CPLEX 优化软件求解，软件求解时间限制为 5min。程序运行在 CPU 为 Intel（R）Core（TM）i7-6500、频率为 2.50GHz、内存为 8GB 的个人计算机上，操作系统为 Windows 10。

3.7.1 实验参数设置

模拟实验参数设置如表 3-2 所示。

表 3-2　模拟实验参数设置

控制参数	取值/说明
活动实际执行时间 $d_j^R(m)$	服从对数正态分布 $\mathrm{logrnd}(u(j),\sigma^2)$，$u(j) = \ln\left(d_j - \sigma^2/2\right)$
项目计划阶段估计的工期不确定水平 σ_1	$\sigma_1 = \{0.3,0.5,0.8\}$
项目执行阶段的实际工期不确定水平 σ_2	$\sigma_2 = \{0.3,0.5,0.8\}$
活动权重 w_j	$P\left(w_j = x\right) = 0.21 - 0.02x$，$x = \{1,2,\cdots,10\}$，$\forall j \in N \setminus \{0\}$，$w_0 = 0$
项目交付日期 $D = (1+\alpha)C_{\max}$	$\alpha = \{0.1,0.2,0.3\}$，$C_{\max}$ 为确定性 RCPSPTT 的最短工期
模拟执行次数	$M = 2000$（定义 m 表示模拟次数的索引）
调度生成机制	并行调度
项目执行策略	时刻表策略：所有活动的实际开始时间不得早于计划开始时间

项目模拟执行阶段的实际工期不确定水平也划分为低、中、高三个等级，取值为 $\sigma_2 = \{0.3,0.5,0.8\}$。假设项目活动在执行过程中偏离基准调度计划的单

位惩罚成本 w_j 服从离散三角形分布（Deblaere，2007 等；Wang 等，2021；Liang 等，2020）。项目实际执行采用时刻表策略，旨在有效地保证项目调度计划尽可能按原计划执行（梁洋洋和崔南方，2020；Deblaere 等，2007；崔南方和梁洋洋，2018），令

$$s_j^R(m) = \max\left(s_j, \max_{\forall i:(i,j)\in A\cup A_R}\left(s_i^R(m) + d_i^R(m) + \max_{k\in K}\{\varDelta_{ijk}y_{ijk}\}\right)\right), \quad \forall j\in N \quad (3\text{-}37)$$

式中，$s_j^R(m)$ 为第 m 次模拟时活动 j 的实际开始时间。

模拟实验定义了以下两种鲁棒性评价指标。

项目完工期限（project completion time，PCT）：$PCT = \sum_{m=1}^{M} s_{n+1}^R(m)/M$，用来衡量项目的"质"鲁棒性。PCT 越短，"质"鲁棒性越强。

稳定性成本（stability cost，SC）：$SC = \sum_{m=1}^{M}\sum_{j\in N} w_j\times|s_j^R(m)-s_j|/M$，所有活动的实际开始时间偏离计划开始时间所产生的惩罚成本，用来衡量项目的"解"鲁棒性。SC 越小，"解"鲁棒性越强。

3.7.2　实验结果及分析

对以上九种 RCPSPTT 鲁棒调度与资源流网络集成优化模型所得解方案进行模拟实验，表 3-3 给出了项目交付日期 $D = 1.1C_{\max}$ 时的实验结果。表 3-3 中加粗数字表示分别按照三种不确定水平（$\sigma_1 \in \{0.3, 0.5, 0.8\}$）制订鲁棒调度计划时，MinTPC$_1$ 和 MinTPC$_2$ 方法中各自的"解"鲁棒性和"质"鲁棒性最优的一种；加粗斜体数字表示不同参数水平下九种方法中鲁棒性最优的一种。

表 3-3　$D = 1.1C_{\max}$ 时不同方法的鲁棒性对比结果

		MinTPC$_1^L$	MinTPC$_1^M$	MinTPC$_1^H$	MinTPC$_2^L$	MinTPC$_2^M$	MinTPC$_2^H$	MinEA	MaxPF	MinTPC+ MaxPF
$\sigma_2=0.3$	SC	**591.65**	597.92	594.25	**539.10**	539.51	540.63	535.09	598.94	*457.20*
	PCT	69.23	**69.15**	69.31	70.22	69.80	**69.38**	71.72	72.21	*68.83*
$\sigma_2=0.5$	SC	**968.66**	972.78	975.06	**902.63**	908.81	914.64	874.95	997.94	*791.17*
	PCT	75.00	**74.91**	75.14	75.85	75.52	**75.18**	77.86	79.03	*74.26*
$\sigma_2=0.8$	SC	**1645.78**	1649.32	1651.85	**1567.87**	1578.43	1590.64	1488.74	1709.54	*1404.61*
	PCT	86.23	**86.13**	86.39	86.95	86.73	**86.49**	88.95	91.06	*84.97*

通过对表 3-3 统计数据的分析，可以得到以下结论。

（1）随着项目执行时不确定水平 σ_2 的增大，每种方法的 SC 均增大，PCT

均变长，这一结果与预期相符。显然，活动时间波动性越大，项目执行时偏离原计划的可能性越大，导致 SC 增大；此外，前序活动工期延迟带来的累积效应变强，最终导致 PCT 变长。

（2）在相同 σ_2 水平下，九种方法对应的 SC 和 PCT 具有规律性的差异。SC 指标的优劣顺序为 MinTPC+MaxPF ≻ MinEA ≻ MinTPC$_2$ ≻ MinTPC$_1$ ≻ MaxPF，PCT 指标的优劣顺序为 MinTPC+MaxPF ≻ MinTPC$_1$ ≻ MinTPC$_2$ ≻ MinEA ≻ MaxPF，其中"≻"表示"优于"。

一方面，对于 MinEA、MinTPC$_1$ 和 MinTPC$_2$ 三种方法，"解"鲁棒性和"质"鲁棒性呈现相互冲突的关系：MinEA 方法获得的基准方案最稳定，SC 最小，说明以最小化 EA 为"解"鲁棒性替代指标要优于采用 TPC 指标；MinTPC$_2$ 方法由于在活动之间插入了时间缓冲，可以更有效地应对活动拖期风险，因此其"解"鲁棒性优于未加时间缓冲的 MinTPC$_1$ 方法，但前者的 PCT 长于后者，即 MinTPC$_2$ 方法的"质"鲁棒性要劣于 MinTPC$_1$ 方法。通过分析进一步发现，插入时间缓冲对项目"解"鲁棒性和"质"鲁棒性的影响程度不同。具体地，在相同 σ_2 水平下，插入时间缓冲能够有效降低 SC 高达 8%（平均大于 5%）；而对 PCT 的延迟极其有限，几乎可以忽略（小于 1%）。因此，即使项目交付日期较紧，也建议决策者加入时间缓冲制订鲁棒的调度计划，以保证整体最优的项目绩效。

另一方面，采用 MinTPC+MaxPF 两阶段方法在三种模拟情境下都能得到最短的 PCT 和最小的 SC，而 MaxPF 方法所得基准方案的 PCT 最长、SC 最大。如前所述，采用 CPLEX 优化软件求解 MaxPF 模型所需时间较长，实验中将单个算例求解时间限定在 5min 以内，对于部分项目算例该方法在规定时间内不能求得最优解，只能得到近优解。为解决这一问题，本节提出了 MinTPC+MaxPF 两阶段方法，第一阶段以最小化 TPC 为目标生成初始调度计划，第二阶段以第一阶段所得活动开始时间为已知变量，以最大化活动成对时差总和为目标进一步优化资源流决策，模拟实验结果表明该方法所得项目调度计划的"解"鲁棒性和"质"鲁棒性都是最好的。

（3）针对 MinTPC 方法在计划阶段不能明确实际不确定水平的情况，模拟实验中将计划阶段的项目不确定水平分别设置为低、中、高三个等级，分析表 3-3 中加粗数字对应的 MinTPC 方法可知：如果项目决策者更加追求"解"鲁棒性（最小化 SC），则按照低不确定水平（$\sigma_1 = 0.3$）制订计划可以获得更加稳定的调度计划；如果追求更短的 PCT，那么对于无时间缓冲的 MinTPC$_1$ 方法建议按照中等不确定水平（$\sigma_1 = 0.5$）制订计划，对于有时间缓冲的 MinTPC$_2$ 方法则建议按照高不确定水平（$\sigma_1 = 0.8$）制订计划。

进一步地，模拟实验测试了项目交付日期分别取 $D=1.2C_{max}$ 和 $D=1.3C_{max}$ 时各个模型和算法的鲁棒性表现，实验结果分别列于表 3-4 和表 3-5。分析可知，上述第（1）条和第（2）条结论仍然成立，不同之处在于当项目交付日期最为宽松（ $D=1.3C_{max}$ ），运用 MinTPC$_1$ 和 MinTPC$_2$ 方法时，按照中/高不确定水平做计划，项目整体鲁棒性更好。此外，综合表 3-3～表 3-5 数据可以看出，随着项目交付日期的延长，MinTPC$_1$、MinTPC$_2$ 和 MinTPC+MaxPF 方法的 SC 呈减小趋势，即项目鲁棒性增强，其中 MinTPC+MaxPF 集成优化方法的降幅最大；MaxPF 方法的稳定性呈现先下降后增强的变化趋势；MinEA 方法的 SC 随项目交付日期延长变化不大，因为 MinEA 方法的优化目标是最小化 EA，与活动开始时间早晚没有直接关系。

表 3-4　$D=1.2C_{max}$ 时不同方法的鲁棒性对比结果

		MinTPC$_1^L$	MinTPC$_1^M$	MinTPC$_1^H$	MinTPC$_2^L$	MinTPC$_2^M$	MinTPC$_2^H$	MinEA	MaxPF	MinTPC+MaxPF
$\sigma_2=0.3$	SC	581.30	592.71	**577.69**	**515.99**	533.10	518.24	550.21	646.51	*376.23*
	PCT	73.30	73.17	**73.06**	74.83	**74.61**	74.67	77.88	78.90	*72.06*
$\sigma_2=0.5$	SC	945.80	956.64	**943.86**	**869.95**	893.25	870.65	880.39	1038.60	*686.99*
	PCT	78.62	**78.49**	78.52	79.99	**79.77**	79.86	83.67	85.37	*76.90*
$\sigma_2=0.8$	SC	**1625.05**	1628.57	1627.25	**1540.84**	1573.68	1541.42	1489.68	1744.86	*1294.92*
	PCT	89.42	**89.16**	89.36	90.60	**90.43**	90.46	94.20	96.79	*87.14*

表 3-5　$D=1.3C_{max}$ 时不同方法的鲁棒性对比结果

		MinTPC$_1^L$	MinTPC$_1^M$	MinTPC$_1^H$	MinTPC$_2^L$	MinTPC$_2^M$	MinTPC$_2^H$	MinEA	MaxPF	MinTPC+MaxPF
$\sigma_2=0.3$	SC	581.13	580.86	**579.22**	497.13	493.46	**488.40**	534.60	623.12	*286.49*
	PCT	75.96	76.02	**75.92**	78.85	78.70	**78.60**	82.26	82.37	*76.02*
$\sigma_2=0.5$	SC	935.69	**930.20**	930.78	832.56	827.74	**823.24**	858.03	1014.97	*558.44*
	PCT	81.05	81.05	**81.02**	83.39	83.42	**83.24**	87.84	88.52	*80.24*
$\sigma_2=0.8$	SC	1599.41	**1581.55**	1591.42	1480.58	**1466.90**	1469.29	1442.04	1713.02	*1126.51*
	PCT	91.54	**91.48**	91.54	93.47	93.48	**93.42**	98.13	99.57	*89.94*

我们知道，RCPSPTT 是 RCPSP 的拓展，因此，为了显示所提优化模型应用于基础 RCPSP 的普适性与差异性，另以 PSPLIB_J30 标准例库（资源转移时间均为 0）为测试集进行模拟实验。表 3-6 列出了项目交付日期 $D=1.2C_{max}$ 的实验结果，由于项目交付日期 $D=1.1C_{max}$ 和 $D=1.3C_{max}$ 所得结论相类似，此

处不再赘述。

表3-6　不同方法应用于基础 RCPSP 的鲁棒性对比结果（$D = 1.2C_{\max}$）

		MinTPC$_1^L$	MinTPC$_1^M$	MinTPC$_1^H$	MinTPC$_2^L$	MinTPC$_2^M$	MinTPC$_2^H$	MinEA	MaxPF	MinTPC+ MaxPF
$\sigma_2 = 0.3$	SC	599.27	590.19	**585.51**	446.81	448.73	**444.56**	548.12	613.73	*315.64*
	PCT	70.44	70.07	*69.85*	73.75	73.37	**73.24**	77.71	78.32	71.68
$\sigma_2 = 0.5$	SC	962.74	955.71	**950.55**	774.78	776.49	**774.69**	878.76	983.50	*593.90*
	PCT	75.83	75.53	*75.41*	78.48	78.02	**77.99**	83.33	84.47	76.00
$\sigma_2 = 0.8$	SC	1633.69	1631.53	**1625.47**	1423.96	1427.67	**1421.68**	1498.78	1674.79	*1175.76*
	PCT	86.53	86.32	**86.26**	88.79	88.36	**88.29**	93.76	95.64	*85.85*

从表 3-6 可以看出，针对不考虑资源转移时间的 RCPSP，MinTPC+MaxPF 方法在三种不确定水平下仍然都能获得最小的 SC，该方法具有最强的"解"鲁棒性。与 RCPSPTT 结果不同的是，在低不确定水平和中等不确定水平（$\sigma_2 = \{0.3, 0.5\}$）下，不加时间缓冲的 MinTPC$_1$ 方法得到的 PCT 最短，此时项目决策者需要根据其鲁棒性偏好选择合适的优化模型和方法；在高不确定水平（$\sigma_2 = 0.8$）下，MinTPC+MaxPF 方法的"质"鲁棒性和"解"鲁棒性均最优。以上结果说明本节针对 RCPSPTT 提出的 MinTPC+MaxPF 混合优化方法同样适用于求解 RCPSP，并且能在很大程度上保证获得鲁棒性最优的活动调度计划与资源分配方案。

此外，对于 MinTPC 方法，当决策者在计划阶段不能明确预知项目实际执行时的工期不确定水平时，按照高不确定水平（$\sigma_1 = 0.8$）制订计划能够获得鲁棒性更强的调度计划。将这一结果与表 3-4 对比可知：不考虑资源转移时间的 RCPSP 调度决策通常更为保守，按照高不确定水平制订计划时在项目活动之间预留了更多的时间缓冲，因此可以更有效地应对活动拖期风险。

3.8　本章小结

资源转移不仅常见于多项目环境，在单项目环境特别是大型项目中也有很多适用情境。本章针对 RCPSPTT，引入活动工期的不确定性，分别构建了三种考虑资源转移时间的"解"鲁棒性衡量指标，构建了 MinTPC、MinEA、MaxPF 和 MinTPC+MaxPF 等 RCPSPTT 鲁棒调度与资源分配集成优化模型，并分别提出了模型求解方法。通过模拟实验对各方法所得项目方案的鲁棒性进行对比分析，实验结果表明，MinTPC+MaxPF 模型能够得到"解"鲁棒性和"质"鲁棒性均最优的调度计划。本章的研究工作延伸了 RCPSP 的领域，也进一步丰富了鲁棒项目调度研究的内容，扩充了资源流网络优化在项目调度领域的应用。

　　本章研究旨在工期不确定条件下实现 RCPSPTT"解"鲁棒性最强的单目标优化，实际中还有很多方面因素和领域问题需要考虑，如资源不确定环境、多目标优化（如资源转移成本、现金流、资源均衡等）、活动可拆分、多模式（时间–资源权衡）等，这些问题值得进一步探索研究。

参考文献

[1]　DEBLAERE F, DEMEULEMEESTER E, HERROELEN W, et al. Robust resource allocation decisions in resource-constrained projects[J]. Decision Sciences, 2007, 38(1): 5-37.

[2]　DEMEULEMEESTER E, HERROELEN W. Robust project scheduling[J]. Foundations &Trends in Technology Information & Operations Management, 2014(3): 201-376.

[3]　KADRI R L, BOCTOR F F. An efficient genetic algorithm to solve the resource-constrained project scheduling problem with transfer times: The single mode case[J]. European Journal of Operational Research, 2018, 265: 454-462.

[4]　KOLISCH R, SPRECHER A. PSPLIB: A project scheduling problem library[J]. European Journal of Operational Research, 1997, 96(1): 205-216.

[5]　KRÜGER D, SCHOLL A. A heuristic solution framework for the resource constrained (multi-) project scheduling problem with sequence-dependent transfer times[J]. European Journal of Operational Research, 2009, 197(2): 492-508.

[6]　LEUS R, HERROELEN W. Stability and resource allocation in project planning[J]. IIE Transactions, 2004, 36(1): 1-16.

[7]　LIANG Y, CUI N, HU X, et al. The integration of resource allocation and time buffering for bi-objective robust project scheduling[J]. International Journal of Production Research, 2020, 58(13): 3839-3854.

[8]　POPPENBORG J, KNUST S. A flow-based tabu search algorithm for the RCPSP with transfer times[J]. Or Spectrum, 2016, 38(2): 305-334.

[9]　VAN DE VONDER S, DEMEULEMEESTER E, HERROELEN W, et al. The use of buffers in project management: The trade-off between stability and makespan[J]. International Journal of Production Economics, 2005, 97: 227-240.

[10]　WANG J, HU X, DEMEULEMEESTER E, et al. A bi-objective robust resource allocation model for the RCPSP considering resource transfer costs[J]. International Journal of Production Research, 2021, 59(2): 367-387.

[11]　崔南方，梁洋洋. 基于资源流网络与时间缓冲集成优化的鲁棒性项目调度[J]. 系统工程理论与实践，2018，38（1）：102-112.

[12] 崔南方，赵雁，田文迪. 基于智能算法的双目标鲁棒性项目调度[J]. 系统管理学报，2015，24（3）：379-388.

[13] 何正文，宁敏静，徐渝. 前摄性及反应性项目调度方法研究综述[J]. 运筹与管理，2016，25（5）：278-287.

[14] 胡雪君，王建江，崔南方，等. 资源转移视角下的 RCPSP 鲁棒资源分配方法[J]. 系统工程学报，2020，35（2）：174-188.

[15] 梁洋洋，崔南方. 基于资源流网络优化的鲁棒性项目调度[J]. 系统管理学报，2020，29（2）：335-345.

[16] 张静文，周杉，乔传卓. 基于时差效用的双目标资源约束型鲁棒性项目调度优化[J]. 系统管理学报，2018，27（2）：299-308.

资源转移视角下的 RCPSP 鲁棒资源
分配方法

本章内容提要：本章以项目鲁棒性和资源转移成本为优化对象，构建了一个鲁棒资源分配优化模型。首先，引入 STC 作为项目的"解"鲁棒性衡量指标。其次，不同于已有研究均采用基于活动的资源流描述，模型定义了基于资源的二元决策变量，以表示某一资源单元在项目活动之间的转移次序。结合遗传算法和模拟退火算法的优点，提出了遗传模拟退火算法对模型求解，模拟实验结果证明了所提算法在寻优效果和收敛速度方面的优越性。最后，引入一个真实项目案例，对比结果进一步验证了模型和算法的实用性与有效性。

4.1   问题描述

由于当前市场环境快速变化，复杂项目所面临的风险和不确定性不断增大，如员工缺勤、机器故障、活动执行时间偏离预期、物料延迟到达、恶劣天气影响开工、设计变更等。这些不可控因素会干扰项目的顺利执行，造成基准调度计划的指导价值降低甚至变得不可行，而必要的调整和修复又会产生大量的额外成本。同时，现代项目本身的规模和结构越来越复杂，对稀缺资源的竞争逐渐加剧，导致越来越多的项目面临进度延误和成本超支的风险。因此，如何得到鲁棒的项目调度计划与合理的资源分配方案，是企业管理者和项目从业者面临的艰巨挑战。

鲁棒项目调度作为应对不确定条件项目调度的有效方法，引起了学者们的广泛关注。该方法在充分挖掘和利用不确定信息的基础上，旨在生成"受到保护的"、抗干扰能力强的基准调度计划，以有效应对项目执行中的突发事件。

为了便于理解，本章首先基于一个案例对所研究的问题进行描述，给出了本章中用到的参数及其定义；然后建立数学优化模型，从决策变量、目标函数和约束条件三方面对模型进行具体表述。

采用节点式网络 $G = (N, A)$ 表示一个项目,其中 $N = \{0, 1, \cdots, n+1\}$ 代表项目活动集合,0 和 $n+1$ 分别表示虚拟开始活动和虚拟结束活动,A 代表活动之间的结束-开始型工序优先关系集合,其他相关参数见表 4-1。

表 4-1   本章中用到的参数及其含义

参数	说明
n	实体活动的数量
K	资源类别集合
R_k	第 k 种资源的单位时间可用量,$k \in K$
d_j	活动 j 的期望工期(计划工期),$j \in N$
d_j^{R}	项目执行时活动 j 的实际工期(随机变量),$j \in N$
s_j	活动 j 的计划开始时间,$j \in N$
s_j^{R}	项目执行时活动 j 的实际开始时间,$j \in N$
r_{jk}	活动 j 对资源 k 的单位时间资源需求量,$j \in N$,$k \in K$
$f(i, j, k)$	活动 i 流向活动 j 的第 k 种资源的数量,$i, j \in N$,$k \in K$
e_{kl}	资源 k 的第 l 个资源单元,$k \in K$,$l = 1, 2, \cdots, R_k$
c_k^{ij}	资源 k 在活动 i 与活动 j 之间的单位转移成本,$i, j \in N$,$k \in K$

图 4-1 给出了一个项目网络图实例,该项目包含 9 个实体活动,所需单资源的可用量为 10 个单位。以资源流为研究对象的项目调度问题通常先通过求解 RCPSP,获得工序及资源可行的最短工期计划,得到各活动计划开始时间,图 4-2 是采用分支定界法(Demeulemeester 和 Herroelen,1992)生成的工期最短的基准调度计划。在基准调度计划与原始网络 $G = (N, A)$ 的基础上,在具有资源转移关系的两个活动之间加入资源弧 A_{R},就构成了集成资源流的项目网络图 $G' = (N, A \cup A_{\mathrm{R}})$,项目实际执行时同时受到紧前紧后关系网络 $G = (N, A)$ 和资源流网络 $G_{\mathrm{R}} = (N, A_{\mathrm{R}})$ 的约束。

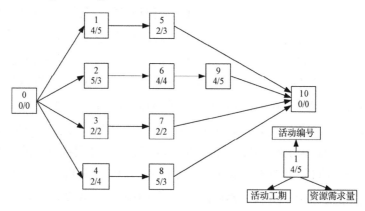

图 4-1   项目网络图实例

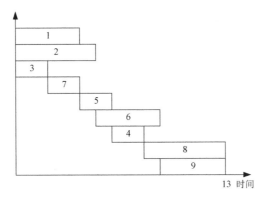

图 4-2　工期最短的基准调度计划

需要注意的是，针对同一个项目调度计划，通常存在多种不同的资源分配方案，不同方案对应不同的资源转移关系。例如，图 4-3 和图 4-4 给出了图 4-2 工期最短计划下资源流网络不同的两种资源分配方案，其中实箭线表示活动间的原始工序约束，虚箭线描述了额外资源弧形成的新工序约束。

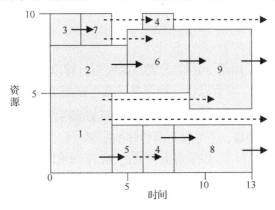

图 4-3　资源分配方案 I

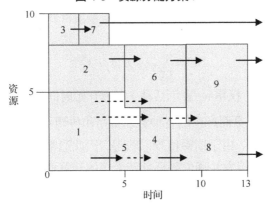

图 4-4　资源分配方案 II

分析图 4-3 和图 4-4 可知：一方面，资源流网络的优劣会影响项目调度计划的鲁棒性，不同的资源分配方案在同等程度干扰下的总体延迟效应会呈现较大的差异。例如，资源分配方案 I 中活动 9 所需要的资源由活动 6 和活动 1 提供，而在资源分配方案 II 中由活动 6 和活动 4 提供。此外，资源分配方案 I 中额外资源弧数量为 6，而资源分配方案 II 中额外资源弧数量为 4，因此资源分配方案 II 的资源流网络通常更稳定（Hu 等，2017；崔南方和梁洋洋，2018）。另一方面，资源流直接决定了调度计划的资源转移成本，尤其是在多项目环境下，资源在不同项目之间及项目内部活动之间的调拨都存在一定的转移成本，同一个活动所需资源的来源通常会有多种选择，此时就需要考虑资源转移成本择优选取。

综上所述，本章试图以项目鲁棒性和资源转移成本为优化对象构建项目调度的资源流网络优化模型。

4.2 模型构建

1）决策变量

以往文献大多采用基于活动的资源流模型，即以活动之间的资源转移量 $f(i,j,k)$ 为决策变量。本节以每一资源单元是否在两个活动之间发生转移为决策变量（0-1 决策变量），提出一种基于资源链的流网络模型。该模型不仅能得到活动间的资源转移量，还可以明确转移的是哪些资源单元。决策变量定义为

$$y_{kl}^{ij}=\begin{cases}1 & \text{如果资源单元}e_{kl}\text{从活动}i\text{流向活动}j\\0 & \text{其他}\end{cases}$$

2）目标函数

Leus 和 Herroelen（2004）提出用 SC 来衡量项目调度计划的"解"鲁棒性，表示为

$$\text{SC}=\sum_{j\in N}w_j\times E|s_j-s_j^{R}| \tag{4-1}$$

式中，E 表示期望；权重 w_j 表示活动 j 实际开始时间偏离计划开始时间的单位成本，如因计划变更而产生的各种管理费用和协调费用、进度误工的惩罚成本等（Hu 等，2017）。由于期望值难以获得，因此通常采用蒙特卡罗仿真方法得到 SC。但是，模拟方法通常需要耗费大量的计算资源和时间，并且不能在不同环境下保持一致性（张沙清等，2011；Lambrechts 等，2008）。因此，为了有效地衡量调度计划的"解"鲁棒性，有必要定义新的"解"鲁棒性衡量指标。

（1）鲁棒性。

Van de Vonder（2008）在研究中提出的 STC 提供了一种合理的鲁棒性衡量指标，该指标衡量的是活动延迟开工造成的期望损失，从概率论的角度反映了项目计划的"解"鲁棒性。活动 j 的 STC_j 定义为

$$\text{STC}_j = w_j \times \Pr(s_j^R > s_j) = w_j \times \sum_{(i,j) \in T(A \cup A_R)} \Pr(d_i^R > s_j - s_i - \text{LPL}(i,j)) \quad (4\text{-}2)$$

式中，$\Pr(s_j^R > s_j)$ 表示活动 j 受到其紧前活动的影响而延迟开工的概率，计算公式为

$$\Pr(s_j^R > s_j) = \Pr\left(\bigcup_{(i,j) \in T(A \cup A_R)} k(i,j)\right) \quad (4\text{-}3)$$

式中，T 代表新网络 $G' = (N, A \cup A_R)$ 中所有活动直接与间接前后关系集合；$(i,j) \in T(A \cup A_R)$ 表示活动 i 是活动 j 的前序活动；事件 $k(i,j)$ 表示活动 j 的计划开始时间受到了其前序活动 i 的影响，这一事件发生的概率为 $\Pr(k(i,j)) = \Pr(s_i^R + d_i^R + \text{LPL}(i,j) > s_j)$。其中，$\text{LPL}(i,j)$ 表示项目网络 G' 中活动 i 到活动 j 的最长路径时间。

为了计算式（4-3），需要遵循两点假设：①假设活动 j 的前序活动 i 按照基准调度计划的开始时间执行，即 $s_i^R = s_i$；②假设任意时刻只有一个紧前活动 i 影响活动 j 的按时开工。那么，活动 j 延迟开工的概率就等于所有紧前活动（考虑工序约束和资源转移关系而形成的网络 G' 中与活动 j 有直接或间接紧前关系的活动）影响其正常开工的概率之和，即

$$\Pr(s_j^R > s_j) = \sum_{(i,j) \in T(A \cup A_R)} \Pr(d_i^R > s_j - s_i - \text{LPL}(i,j)) \quad (4\text{-}4)$$

由于活动随机工期 d_i^R 的分布已知（本节采用对数正态分布假设），因此基于 s_i、s_j、$\text{LPL}(i,j)$ 及活动工期的概率分布，就可以计算出任意活动 j 的 STC_j 值。该指标的优点在于兼顾了调度计划中的活动权重、活动执行时间变动、活动间工序约束及资源转移关系等项目特征，并且不需要通过模拟项目执行过程就可以定量计算出来，大大节省了计算时间。

项目的 STC 是所有活动的 STC_j 之和，因此本节模型的"解"鲁棒性目标为

$$\min \text{ STC} = \sum_{j \in N} \text{STC}_j \quad (4\text{-}5)$$

（2）资源转移成本（resource transfer cost，RTC）。

本节模型希望实现最小的 RTC，即

$$\min \text{ RTC} = \sum_{j \in N} \sum_{k \in K} c_k^{ij} \sum_{l=1}^{R_k} y_{kl}^{ij} \quad (4\text{-}6)$$

式中，c_k^{ij} 代表资源 k 在活动 i 与活动 j 之间的单位转移成本。需要注意的是，

本节模型同样适用于项目间共享资源的多项目环境，此时 RTC 包括可更新资源在项目内部活动间的转移成本及资源在项目间的转移成本。

3）约束条件

$$\begin{cases} (s_i + d_i - s_j) \times y_{kl}^{ij} \leqslant 0 & \forall i,j \in N, \ i \neq j, \ s_i < s_j, \ k \in K, \ l = 1,2,\cdots,R_k \\ y_{kl}^{ij} = 0 & \text{其他} \end{cases} \quad (4\text{-}7)$$

$$\sum_{j \in N} y_{kl}^{0j} = 1, \quad \forall k \in K, \ l = 1,2,\cdots,R_k \quad (4\text{-}8)$$

$$\sum_{j \in N} y_{kl}^{j0} = 0, \quad \forall k \in K, \ l = 1,2,\cdots,R_k \quad (4\text{-}9)$$

$$\sum_{j \in N} y_{kl}^{j,n+1} = 1, \quad \forall k \in K, \ l = 1,2,\cdots,R_k \quad (4\text{-}10)$$

$$\sum_{j \in N} y_{kl}^{n+1,j} = 0, \quad \forall k \in K, \ l = 1,2,\cdots,R_k \quad (4\text{-}11)$$

$$\sum_{j \in N} y_{kl}^{ij} = \sum_{j \in N} y_{kl}^{ji} \leqslant 1, \quad \forall i \in N \setminus \{0,n+1\}, \ k \in K, \ l = 1,2,\cdots,R_k \quad (4\text{-}12)$$

$$\sum_{j \in N}\sum_{l=1}^{R_k} y_{kl}^{ij} = \sum_{j \in N}\sum_{l=1}^{R_k} y_{kl}^{ji} \geqslant r_{ik}, \quad \forall i \in N \setminus \{0,n+1\}, \ k \in K \quad (4\text{-}13)$$

$$s_j^R = f(s_j, Y, \sigma), \quad \forall j \in N \quad (4\text{-}14)$$

$$y_{kl}^{ij} = \{0,1\}, \quad \forall i,j \in N, \ k \in K, \ l = 1,2,\cdots,R_k \quad (4\text{-}15)$$

式（4-7）是资源转移约束，表示任何存在资源转移的活动 i 和活动 j，执行时间不允许出现交叠，该约束同时保证了任意时刻资源消耗总量不超过其可用量。式（4-8）和式（4-9）是虚拟首活动约束，表示每个资源单元起始必须从虚拟首活动流向其他活动，并且资源单元不能从其他活动流向虚拟首活动。式（4-10）和式（4-11）表示虚拟尾活动约束，表示每个资源单元最终必须从其他活动流向虚拟尾活动，并且资源单元不能从虚拟尾活动流向其他活动。式（4-12）是资源流平衡约束，表示对于每个实际活动，资源如果流入该活动，则必然从该活动流出，流向其他活动。式（4-13）是资源需求约束，表示项目调度过程中任意实际活动对每种资源的需求必须得到满足。在不确定环境下，活动的实际开始时间无法唯一确定，但通过上面的分析可知，活动的实际开始时间 s_j^R 受计划开始时间 s_j、资源分配方案（用所有 y_{kl}^{ij} 构成的集合 Y 表示）及不确定水平（用工期标准差 σ 表示）的影响，因此式（4-14）用抽象函数的方式表示这种映射关系。式（4-15）是决策变量值域约束，其中 $y_{kl}^{ij} = 1$ 表示资源单元 e_{kl} 从活动 i 流向活动 j。决策的目的是满足约束（4-7）～约束（4-15），使目标（4-5）和目标（4-6）达到最小。

4.3　遗传模拟退火算法

上述模型作为 RCPSP 的拓展，显然也是 NP-hard 问题，相对于精确求解算法，智能算法越来越表现出其优越性而受到国内外学者的青睐。其中，模拟退火（simulated annealing，SA）和遗传算法（genetic algorithm，GA）是解决组合优化问题较为常用的两种智能算法。SA 局部搜索能力强，但是搜索域较小，对问题解空间的覆盖率较低，容易陷入局部最优；GA 具备较大的搜索域但收敛较慢，对初始解的依赖性极大，算法稳定性不够强。鉴于此，本节结合两种算法各自的优点，构造新的遗传模拟退火（GSA）算法求解考虑项目鲁棒性与 RTC 的资源流网络模型。

4.3.1　编码与解码设计

1）编码与初始化

式（4-15）的决策变量 y_{kl}^{ij} 表示资源单元 e_{kl} 在活动 i 与活动 j 之间是否发生了转移，据此设计基于资源链的二维矩阵对决策变量集进行编码，图 4-5 给出了解模型编码示意图。为了表述方便，下面将每单位资源看作一个资源单元，资源可用量 R_k 视作资源 k 所有资源单元的集合，编码矩阵中每一列对应一个活动 $j \in N$，每一行对应一个资源单元 $l \in R$，$R = \bigcup_{k \in K} R_k$。每一个资源单元都是独一无二的，即使针对同一类资源，不同资源单元的资源链构成的二维矩阵包含了所有资源单元的转移信息。编码矩阵中的数值只能取 0 或 1，取值为 1 表示该行代表的资源单元被该列代表的活动使用，取值为 0 表示该行代表的资源单元没有被该列代表的活动使用，结合各活动的计划开始时间就可以获得该资源单元具体的转移路径。

本节采用随机分配资源单元的方法生成初始种群，具体做法是：将所有活动按照计划开始时间由小到大的顺序排列，组成活动列表 L。针对每一种资源 k（$k \in K$），逐个选择列表 L 中的活动 j，从 R_k 个资源单元中计算得到活动 j 开始时间 s_j 可用的资源单元集合，记为 R_k'（$R_k' \subseteq R_k$），从可用资源单元集合 R_k' 中随机选择 r_{jk} 个资源单元分配给活动 j，即令资源链矩阵中第 j 列中 r_{jk} 个资源单元对应元素为 1，令已分配的 r_{jk} 个资源单元在活动 j 执行时间段 $[s_j, s_j + d_j]$ 不可用。

2）解码

对基于资源链的二维矩阵编码进行解码的操作需要借助已知的项目调度

计划，首先得到编码矩阵中每一行取值为 1 的列所对应的活动集合，然后将这些活动按照计划开始时间的先后顺序排列，则该序列中每相邻的两个活动都存在资源单元转移。此外，可以通过同类资源合并的方式得到项目活动间不同资源转移的数量 $f(i,j,k)$，进而画出基于活动的资源流网络图。

活动

$$
\begin{bmatrix}
1 & 1 & 0 & 0 & 0 & 0 & 0 & 0 & 0 & 0 & 1 \\
1 & 1 & 0 & 0 & 1 & 0 & 0 & 0 & 0 & 0 & 1 \\
1 & 1 & 0 & 0 & 1 & 1 & 0 & 0 & 1 & 0 & 1 \\
1 & 1 & 0 & 0 & 1 & 1 & 0 & 0 & 1 & 0 & 1 \\
1 & 1 & 0 & 0 & 1 & 1 & 0 & 0 & 1 & 0 & 1 \\
1 & 0 & 1 & 0 & 0 & 0 & 1 & 0 & 0 & 1 & 1 \\
1 & 0 & 1 & 0 & 0 & 0 & 1 & 0 & 0 & 1 & 1 \\
1 & 0 & 1 & 0 & 0 & 0 & 1 & 0 & 0 & 1 & 1 \\
1 & 0 & 0 & 1 & 0 & 0 & 1 & 1 & 0 & 1 & 1 \\
1 & 0 & 0 & 1 & 0 & 0 & 0 & 1 & 0 & 1 & 1
\end{bmatrix}
$$

资源单元

图 4-5　基于资源链的二维矩阵编码

4.3.2　遗传算子设计

GSA 继承了 GA 中选择、交叉、变异等所有的算子操作，另外考虑到上述编码在算子操作过程中可能会出现不可行解的情况，本节对不可行解将采取修复操作。以下将对 GSA 的选择、交叉、变异、修复策略分别进行详细介绍。

1）选择

GSA 为了强化 GA 的广度搜索能力，将采取无差别选择的策略，即不区分种群中的个体，所有个体都 100%参与交叉，这种方法能够在每一代中产生尽可能多的邻域解，极大地扩大了解的搜索范围。

除此之外，对于被选择参与交叉的个体如何确定具体的交叉对象也是需要解决的问题。在给出具体的交叉对象选择策略之前，首先定义个体差异度的概念。个体差异度是针对本节 0-1 矩阵编码方式提出的，表示种群中两个个体等位基因取值不同的位置数占染色体基因总数的比例，计算公式如式（4-16）所示。

$$\Delta(A,B) = \frac{n_{AB}}{\text{num}} \tag{4-16}$$

式中，n_{AB} 表示个体 A 和个体 B 等位基因取值不同的位置数；num 表示基因总数。个体差异度示意图如图 4-6 所示，其中个体 A 和个体 B 分别代表资源流模型的两个解，由此很容易得到 A 和 B 的个体差异度为 $\dfrac{4}{110}$。本节在确定具体的交叉对象时，先计算种群中两两个体的个体差异度，将其从大到小排序，每次选择交叉的两个父代都是种群中剩余个体差异度最大的两个。基于个体差异度的选择策略避免了父代出现近亲繁殖的现象，这就保证了种群每次都能出现较大幅度的进化，进一步扩大了解的搜索范围。

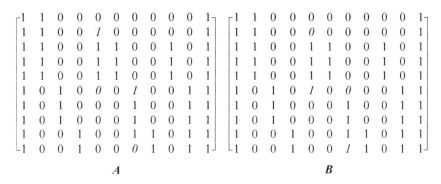

$$A \qquad\qquad\qquad\qquad\qquad B$$

图 4-6　个体差异度示意图（图中斜体数字表示取值不同的等位基因）

2）交叉

本节基于双点交叉策略对父代个体进行遗传操作。为了保证交叉操作能够尽可能将优良基因遗传给后代，同时考虑到后续修复操作的复杂性与时间要求，本节所设计的交叉策略限制了交叉片段的长度，每次只需交换自交叉点以后固定长度的基因片段。如图 4-7 所示，将交叉片段长度设为 2，对图 4-6 中的个体 A 和个体 B 进行交叉。

3）变异

本章采取选择性变异的策略强化 GSA 的局部搜索能力，对于由父代交叉产生的子代，如果其平均适应性优于父代的平均适应性，则此子代直接加入新种群不必参与变异，否则对父代进行概率性的变异，并将变异后的父代加入新种群。

具体变异方法通常有逆序变异、等位基因取反变异等，对于二维矩阵型编码，本节采取列倒位的方式实现变异操作，即随机选择编码矩阵的一列，将该列的基因以倒序排列的方式加入原矩阵列中。图 4-8 是对图 4-6 中个体 A 采取变异操作的示意图。

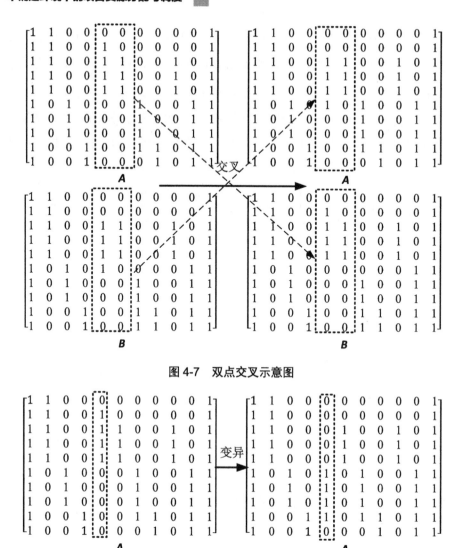

图 4-7　双点交叉示意图

图 4-8　列倒位变异示意图

4）修复

由 4.2 节构建的优化模型可知，资源约束除满足活动对资源的需求之外，还必须满足任何时刻正在使用的资源量不得超过该类资源总量的条件，这在基于资源链的矩阵编码中等价于同一资源链中取值为 1 的活动不能同时执行。然而这个约束在进行交叉和变异操作时极易被打破，从而产生不可行解。GA 对于不可行解的处理通常有直接舍弃和修复两种，此处 GSA 选择对不可行解采取修复措施。针对本章矩阵编码的特点，采取递归修复的策略，基本思想总结如下。

首先对于交叉/变异区域内可能存在冲突的元素（值为 1），按照逐列逐行的顺序对其进行逐个检测，如果第 i 行第 j 列元素 (i, j) 存在冲突，则在第 j 列中寻找取值为 0 且可以变为 1 而不引起冲突的元素 (i', j)，如果存在这样的 (i', j)，则令 $(i, j) = 0$，$(i', j) = 1$，冲突消解成功。如果不存在满足条件的 (i', j)，则在第 j 列中寻找交叉前为 1、现在变为 0 的元素 (i'', j)，令 $(i, j) = 0$，$(i'', j) = 1$，现在 (i'', j) 为冲突元素，针对 (i'', j) 继续上述冲突消解步骤，直到不存在冲突为止。

具体步骤如下所示。

步骤 1，设资源链矩阵中交叉/变异区域为 $A(i_0 : i_1, j_0 : j_1)$，令 $i = i_0$，$j = j_0$。

步骤 2，如果 $i > i_1$ 或 $j > j_1$，则算法结束，得到可行解；否则，转到步骤 3。

步骤 3，如果 $A(i, j) = 0$，则转到步骤 4；否则，转到步骤 5。

步骤 4，如果 $j < j_1$，则 $j = j + 1$；否则，令 $i = i + 1$，$j = j_0$，转到步骤 2。

步骤 5，获得与活动 j 抢占资源单元 i 的冲突活动集合 ConflictSet_{ij}。

步骤 6，如果 $\text{ConflictSet}_{ij} = \varnothing$，则转到步骤 4；否则，转到步骤 7。

步骤 7，在第 j 列中搜索得到可用于修复的行 FeaRow_j，即当前值为 0 但变为 1 不会引起其他活动冲突的行。

步骤 8，如果 $\text{FeaRow}_j = \varnothing$，则转到步骤 9；否则，转到步骤 10。

步骤 9，在 FeaRow_j 中随机选择一行 i'，令 $A(i, j) = 0$，$A(i', j) = 1$，转到步骤 4。

步骤 10，在第 j 列中搜索得到可用于交换的行 ExaRow_j，即当前值为 0、交叉/变异前为 1 的行。

步骤 11，在 ExaRow_j 中随机选择一行 i'，令 $A(i, j) = 0$，$A(i', j) = 1$。

步骤 12，得到资源单元 i' 上与活动 j 冲突的活动集合 $\text{ConflictSet}_{i'j}$。

步骤 13，对于 $\text{ConflictSet}_{i'j}$ 中的每一个冲突活动，递归调用步骤 5～步骤 12，消解所有冲突，转到步骤 4，算法结束。

据此，将不可行解修复过程以伪代码形式表示如下。

```
不可行解修复算法
For each column j in the region of crossover or mutation
    For each row i in the region of crossover or mutation
    %针对交叉\变异区域中每一个元素(i, j)
        If resTaskMatrix(i, j) = 1 %可能存在冲突
            recurRepair(resTaskMatrix, i, j) %递归修复
        End If
    End For
End For
```

---

recurRepair(resTaskMatrix, i, j)　　%递归修复

If resTaskMatrix(i, j) = 0　　%(i, j)不可能出现冲突

　　return；

End If

Get the set of conflicting activities with j on resource unit i, ConflictSet$_{ij}$

%得到资源单元 i 上活动 j 的冲突集合 ConflictSet$_{ij}$

If ConflictSet$_{ij}$ = ∅　%不存在冲突

　　return；

Else

　　Find feasible rows FeaRow$_j$ in column j %寻找可用于修复的行

　　%即当前值为0但变为1不会引起其他活动冲突的行

　　If FeaRow$_j$ ≠ ∅ %存在可修复的行

　　　　Select a row i' in FeaRow$_j$ randomly

　　　　resTaskMatrix(i, j) ← 0

　　　　resTaskMatrix(i', j) ← 1

　　　　return；

　　Else %不存在可修复的行

　　　　Find exchangeable rows ExaRow$_j$ in column j%寻找可用于交换的行

　　　　%即当前值为0、交叉/变异前为1的行

　　　　Select a row i' in ExaRow$_j$ randomly

　　　　resTaskMatrix(i, j) ← 0

　　　　resTaskMatrix(i', j) ← 1

　　　　Get the set of conflicting activities with j on resource unit i' ConflictSet$_{i'j}$

　　　　%得到资源单元 i' 上活动 j 的冲突集合 ConflictSet$_{i'j}$

　　　　For each activity j' in ConflictSet$_{i'j}$

　　　　　　recurRepair(resTaskMatrix, i', j') %递归调用

　　　　End For

　　End If

End If

4.3.3　适应值函数设计

适应值是评判遗传算法产生的解优劣的标准，对解适应值的优化等价于对组合问题的优化，因此算法适应值函数必须与组合问题的目标函数具有较强相关性，并且容易计算。对于单目标优化问题，通常直接使用目标函数或目标函数的倒数作为适应值函数，本节结合逼近理想解（Topsis）法和马氏距离相关理论设计 GSA 的适应值函数。

Topsis 法又称为双基点法，它通过评价当前解与理想解、负理想解的距离对各可行方案进行排序，若当前解最靠近理想解又最远离负理想解，则为最优，否则不为最优。其中，理想解是各指标值都达到评价指标最优值的解，而负理想解是各指标值都作为评价指标最差值的解。

本章对项目鲁棒性和 RTC 的优化属于计量单位不一致的双目标优化，借鉴 Topsis 法，忽略负理想解的影响，采用双目标函数值与理想解目标函数值

间的马氏距离作为 GSA 适应值计算指标。

马氏距离是一种计算两个来自同一总体的样本集的相似度的方法，它表示数据的协方差距离，马氏距离与原始数据的量纲无关。式（4-17）给出了两点间马氏距离的计算方法，其中 $\boldsymbol{X}$ 和 $\boldsymbol{Y}$ 分别表示来自同一总体的两个点，$\boldsymbol{\Sigma}^{-1}$ 表示总体的协方差矩阵的逆矩阵。

$$d_{\mathrm{m}}^2(\boldsymbol{X},\boldsymbol{Y})=(\boldsymbol{X}-\boldsymbol{Y})^{\mathrm{T}}\,\boldsymbol{\Sigma}^{-1}(\boldsymbol{X}-\boldsymbol{Y}) \tag{4-17}$$

综上所述，GSA 适应值函数的计算公式表示为

$$f(\boldsymbol{c})=\left(\begin{bmatrix} f_c^1 \\ f_c^2 \end{bmatrix}-\begin{bmatrix} f_0^1 \\ f_0^2 \end{bmatrix}\right)^{\mathrm{T}}\boldsymbol{\Sigma}^{-1}\left(\begin{bmatrix} f_c^1 \\ f_c^2 \end{bmatrix}-\begin{bmatrix} f_0^1 \\ f_0^2 \end{bmatrix}\right) \tag{4-18}$$

式中，f_c^1 和 f_c^2 分别表示采用 GSA 解码后个体 $\boldsymbol{c}$ 的 STC 和 RTC；f_0^1 和 f_0^2 表示理想解码后的 STC 和 RTC；$\boldsymbol{\Sigma}^{-1}$ 为解空间协方差矩阵的逆矩阵。

4.3.4　GSA 步骤

本章设计的 GSA 的核心在于结合 GA 和 SA 的优点，强化 GA 的广度搜索能力和 SA 的深度搜索能力，以达到更好的寻优效果。GSA 流程图如图 4-9 所示，算法详细步骤可以总结为如下形式。

步骤 1，初始化参数，设定种群规模 POP_NUM、初始温度 T_{s}、终止温度 T_{e} 和降温率 λ（$\lambda\in(0,1)$），令当前温度 $T=T_{\mathrm{s}}$。

步骤 2，随机生成个体数为 POP_NUM 的初始种群 P_0。

步骤 3，计算种群个体差异度，基于个体差异度，确定种群中个体的交叉组合集。

步骤 4，选择交叉组合集中个体差异度最大的两个个体 $\boldsymbol{A}$ 和 $\boldsymbol{B}$ 作为父代，将其进行交叉生成两个子代个体，并对非法子代采取修复措施，产生健康子代 $\boldsymbol{A}'$ 和 $\boldsymbol{B}'$。

步骤 5，分别计算父代和子代个体的适应值 $f(\boldsymbol{A})$、$f(\boldsymbol{B})$、$f(\boldsymbol{A}')$ 和 $f(\boldsymbol{B}')$，并以此计算出父代和子代的平均适应值分别为 $\overline{f_0}$ 和 $\overline{f_1}$。

步骤 6，比较 $\overline{f_0}$ 和 $\overline{f_1}$，如果 $\overline{f_1}<\overline{f_0}$，则接受子代，将个体 $\boldsymbol{A}'$ 和 $\boldsymbol{B}'$ 加入新种群；否则将父代 $\boldsymbol{A}$ 和 $\boldsymbol{B}$ 以概率 $\exp(-\dfrac{|\overline{f_0}-\overline{f_1}|}{T})$ 进行变异，并对非法变异个体采取修复措施，无论变异成功与否都将其加入新种群。

步骤 7，将个体 $\boldsymbol{A}$ 和 $\boldsymbol{B}$ 移出交叉组合集，判断交叉组合集中是否还有元素，如果有，则转步骤 4；如果没有，则令 $T\leftarrow\lambda T$，判断 $T=T_{\mathrm{e}}$ 是否成立，如果成立，则转步骤 8；不成立则转步骤 3。

步骤 8，算法结束，输出结果。

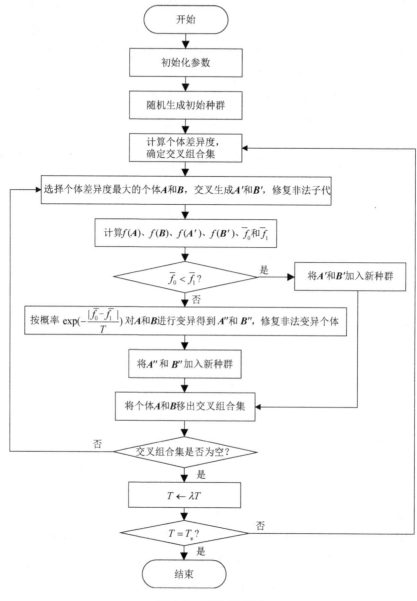

图 4-9　GSA 流程图

4.4　算法性能分析

为了验证 GSA 的有效性，同时测试 GSA 对 SA 和 GA 的改进效果，本节设计了三组对比实验，分别从寻优效果、收敛速度、执行效率三方面进行比较分析。所选取的项目算例来自 Patterson 标准测试集（Patterson，1984），每组实验选取项目例库中资源紧密度和活动复杂度相似的三个项目组合成单项目，其中每个子项目包含 8 个实体活动和 2 个虚拟活动，三组实验的可更新资源种类数分别为 1、2、3。

为了保证对比研究的可信度，本节对实验的参数严格控制，算法参数设置如表 4-2 所示。采用 MATLAB 编译程序，算法运行在 CPU 为 8 核 4GHz、内存 16GB 的个人计算机上，操作系统为 Windows 7。为了消除实验的偶然性，每组项目分别用同一算法求解 30 次，实验结果如表 4-3 所示。

表4-2 算法参数设置

控制参数	参数值（无量纲）
SA/GSA 初始温度	1000
SA/GSA 终止温度	0.001
SA/GSA 降温速率	0.95
GA/GSA 种群规模	50
GA 终止代数	500

表4-3 算法性能对比结果

实验组	资源种类	算法	距离最优解10%范围比例	平均最优适应值	平均收敛迭代次数	平均执行时间
A 组	1	GA	80.00%	0.0835	254.48 次	55.24s
		SA	76.67%	0.0843	111.05 次	47.37s
		GSA	86.67%	0.0798	198.92 次	68.67s
B 组	2	GA	70.00%	0.0726	372.33 次	82.94s
		SA	66.67%	0.0748	237.21 次	63.11s
		GSA	80.00%	0.0649	336.47 次	103.65s
C 组	3	GA	53.33%	0.2997	487.23 次	114.82s
		SA	50.00%	0.3153	293.67 次	85.44s
		GSA	70.00%	0.2866	373.35 次	152.36s

通过对表 4-3 所示的实验结果的分析，可以得出以下结论。

①随着资源种类的增加，项目资源分配问题变得更复杂，三种算法在寻优效果、收敛速度及执行效率方面的表现均呈下降趋势。②GSA 的寻优效果强于 GA 和 SA，而且随着资源种类的增加，GSA 的这种优势越来越明显。③在收敛速度方面，SA 表现最好，其次是 GSA，收敛最慢的是 GA。④在执行效

率方面，GSA 执行效率最低，其次是 GA，SA 表现最好。由于 GSA 和 GA 都存在编码和解码的操作，而这都需要消耗大量的时间，另外 GSA 的局部寻优过程比较耗时，因此 GSA 执行效率总体上较 GA 和 SA 低。

总体来看，GSA 很好地汲取了 GA 和 SA 的优点，寻优效果和收敛速度都得到了优化，唯一不足的是执行效率不如人意，这意味着 GSA 在求解规模巨大的项目资源分配问题时可能比较困难。

4.5 案例研究

本节以某高校道路施工项目为案例材料，旨在将本章所提的考虑鲁棒性和 RTC 的项目资源分配优化模式与另外三种优化模式进行比较。该工程项目基本信息如下。

M 建筑公司成功中标 H 高校 2016 年"两横三纵"校园道路改造工程，该工程分为 A、B、C、D、E 等 5 条校园主干道路的施工项目。由于 5 条道路的施工属于同类工程，现工程组决定在现有资源条件下同期开展这 5 个项目，每个项目的工序流程基本一致，如图 4-10 所示。当工程组清点公司派发的施工设备时，发现挖掘机、装载机、钢筋弯曲机 3 种机器无法满足计划人员按照关键路径法设定的项目计划要求，实际工程可能会出现项目活动等待资源和项目间资源借调的情况出现，此外，原先计划是计划人员根据以往工程经验预估项目各活动的执行时间而制订的，没有考虑到实际工程中项目活动的偏差风险。为了降低项目偏离计划的风险，同时保证在这种资源受限条件下项目内部及项目间的资源调度成本不至过高，工程计划人员需要重新制订相应的项目调度计划和资源分配方案。

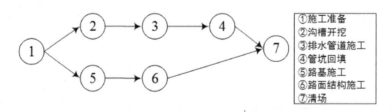

图 4-10　单个项目网络图

该工程 5 个项目依次用代号 A、B、C、D、E 表示，虽然 5 个项目的工序流程图完全一样，但由于不同路段所处的地理位置及路面长度差异的存在，不同项目同一工序所需的施工时间和资源量完全不同，表 4-4 和表 4-5 分别给出了项目各活动的预估执行时间及对 3 种受限资源的需求量，其中 r1、r2 和 r3

分别代表挖掘机、装载机、钢筋弯曲机 3 种设备资源，总量分别为 6 台、8 台和 6 台。

表4-4　项目各活动的预估执行时间

项目代号	活动						
	①	②	③	④	⑤	⑥	⑦
A	3	5	10	8	8	15	2
B	2	6	9	8	9	12	2
C	2	4	8	7	8	10	1
D	3	6	7	12	12	15	2
E	1	3	5	3	10	11	3

表4-5　项目各活动对资源的需求量

项目代号	①			②			③			④			⑤			⑥			⑦		
	r1	r2	r3	r1	r2	r3	r1	r2	r3	r1	r2	r3	r1	r2	r3	r1	r2	r3	r1	r2	r3
A	0	2	0	1	1	0	2	3	2	2	2	0	3	4	2	3	2	3	0	2	0
B	0	3	0	2	1	0	1	2	1	1	3	0	2	2	1	1	3	1	0	1	0
C	0	1	0	2	2	0	2	3	3	3	2	0	2	2	1	2	1	2	1	0	0
D	0	1	0	3	2	0	3	2	1	3	0	2	3	2	2	3	1	2	0	0	0
E	0	2	0	2	1	0	2	4	2	2	3	0	3	2	2	3	1	1	0	3	0

　　针对案例描述的问题，先不考虑活动执行时间的不确定性，将该问题用解决传统 RCPSP 的方法求解，得到该工程期望最短工期为 89 个（时间）单位，其中 5 个项目各活动的计划开始时间如表 4-6 所示。

表4-6　项目各活动的计划开始时间

项目代号	活动						
	①	②	③	④	⑤	⑥	⑦
A	0	20	36	73	20	46	81
B	0	20	37	46	28	54	66
C	1	4	12	81	8	72	88
D	0	37	66	75	3	46	79
E	0	1	4	9	26	61	72

　　将案例基础数据和表4-6求出的项目活动计划开始时间代入4.3节构建的优化模型，利用 GSA 求解，获得最优的资源分配方案，其对应的 STC 和 RTC 分别为 291.43 和 2737.86（此为计划阶段）。为了验证所提模型的有效性（评

价计划阶段得到的资源流网络的优劣），现将由该模型求出的最优资源分配方案与随机资源分配方案（张沙清等，2011）、只优化鲁棒性及只优化资源成本的资源分配方案进行对比，在仿真环境下模拟4种资源分配方案下项目基准调度计划的实际运行情况（此为执行阶段），比较4种优化模式在不确定环境下鲁棒性和资源成本的表现。

实验参数设置如表4-7所示，实验对比结果如表4-8所示。

表4-7 实验参数设置

控制参数	参数值
工期不确定水平	$\sigma = \{0.3, 0.6, 0.9\}$
活动实际工期 d_j^R	服从对数正态分布 $\mathrm{logrnd}(\mu(j), \sigma^2)$, $\mu(j) = \ln(d_j) - \sigma^2/2$
工程截止工期	$\delta = 89$
活动权重 w_j（离散三角形分布）	$P(w_j = x) = 0.21 - 0.02x$, $x = \{1, 2, \cdots, 10\}$, $\forall j \in N \setminus \{0\}$, $w_0 = 0$
资源在活动之间的单位转移成本 c_k^{ij}	$P(c_k^{ij} = x) = 0.21 - 0.02x$, $x = \{1, 2, \cdots, 10\}$, $\forall i, j \in N$, $k \in K$
进度生成机制	PSGS
项目调度策略	时刻表策略
模拟执行次数	$M = 2000$ 次
项目绩效指标	RTC $\mathrm{SC} = \sum\limits_{j \in N} w_j \times E \mid s_j - s_j^R \mid$ 按时完工率 $\mathrm{TPCP} = \Pr(s_{n+1}^R \le \delta)$

表4-8 实验对比结果

不确定水平	优化模式	RTC	SC	RTC + SC	TPCP
$\sigma = 0.3$	随机	3139.10	1530.93	4670.03	92.10%
	优化鲁棒性	3069.48	1316.84	4386.32	96.90%
	优化 RTC	2700.48	1477.64	4178.12	93.30%
	同时优化	2737.86	1333.92	4071.78	95.70%
$\sigma = 0.6$	随机	3139.10	3926.19	7065.29	49.60%
	优化鲁棒性	3069.48	3305.12	6374.60	57.25%
	优化 RTC	2700.48	3619.71	6320.19	54.95%
	同时优化	2737.86	3415.95	6153.81	57.65%
$\sigma = 0.9$	随机	3139.10	6729.28	9868.38	34.05%
	优化鲁棒性	3069.48	5894.72	8964.20	39.05%
	优化 RTC	2700.48	6333.38	9033.86	37.50%
	同时优化	2737.86	5954.64	8692.50	40.35%

通过对实验结果数据的分析，可以得到以下结论。

（1）随着不确定水平 σ 的变化，相同优化模式下的 RTC 是一样的。这是因为，在计划阶段已求解得到项目的资源分配优化方案，项目模拟时可更新资源即按照已确定的资源流网络关系在活动间发生转移，因此同一种优化模式对应的 RTC 是定值。此外，通过分析 RTC 目标函数，即式（4-6）也可以看出，RTC 与项目实际执行时的不确定水平无关。

（2）在相同 σ 的情况下，不同优化模式对应的 RTC 具有规律性的差异，对于任意 σ，RTC 大小排序为：随机>优化鲁棒性>同时优化>优化 RTC。另外，还可以发现同时优化模式和优化 RTC 模式对应的 RTC 差异并不大，且都远小于随机和优化鲁棒性两种模式，这证明本章提出的双目标优化模型对项目 RTC 的优化是有效的。

（3）在相同 σ 的情况下，不同优化模式对应的 SC 具有规律性的差异，对于任意 σ，SC 大小排序为：随机>优化 RTC>同时优化>优化鲁棒性。这说明本章提出的双目标优化模型对项目"解"鲁棒性的优化是有效的。另外，还可以发现虽然不同优化模式对应的 TPCP 并没有呈现固定规律的差异（同时优化和优化鲁棒性对应的 TPCP 的大小顺序并不固定），但同时优化和优化鲁棒性对应的 TPCP 均大于随机和优化 RTC，这说明通过对项目"解"鲁棒性的优化在一定程度上也能优化项目的"质"鲁棒性，即"解"鲁棒性与"质"鲁棒性存在一定的相关性。

4.6　本章小结

本章在鲁棒项目调度问题中考虑可更新资源的转移成本，以项目鲁棒性和 RTC 为优化对象，建立了活动工期不确定条件下的资源流网络优化模型。针对该模型的 NP-hard 特性，本章提出了结合 GA 和 SA 优点的 GSA 进行求解，设计了基于资源链的编码方式及适应问题特征的遗传算子。未来研究将考虑构建一阶段的鲁棒项目调度与资源分配集成优化模型，同时优化活动开始时间和资源流，这将极大地简化优化过程。此外，如何在工期/资源不确定环境下考虑资源转移时间来建立资源流模型，保证调度计划的鲁棒性，值得进一步探索。最后，本章对项目调度成本和鲁棒性的优化还不够全面，项目调度成本还包括资源闲置成本、项目延期成本等，鲁棒项目调度还需考虑"质"鲁棒性，因此多目标综合优化是未来项目调度研究的重要方向之一，这对设计更高效的多目标综合优化算法提出了挑战。

参考文献

[1] DEBLAERE F, DEMEULEMEESTER E, HERROELEN W, et al. Robust resource allocation decisions in resource-constrained projects[J]. Decision Sciences, 2007, 38(1): 5-37.

[2] DEMEULEMEESTER E, HERROELEN W. A branch-and-bound procedure for the multiple resource-constrained project scheduling problem[J]. Management Science, 1992, 38(12): 1803-1818.

[3] HU X, DEMEULEMEESTER E, CUI N, et al. Improved critical chain buffer management framework considering resource costs and schedule stability[J]. Flexible Services & Manufacturing Journal, 2017, 29(2): 159-183.

[4] LAMBRECHTS O, DEMEULEMEESTER E, HERROELEN W. A tabu search procedure for developing robust predictive project schedules[J]. International Journal of Production Economics, 2008, 111(2): 493-508.

[5] LEUS R, HERROELEN W. Stability and resource allocation in project planning[J]. IIE Transactions, 2004, 36: 1-16.

[6] PATTERSON J. A comparison of exact approaches for solving the multiple constrained resource project scheduling problem[J]. Management Science, 1984, 30(7): 854-867.

[7] VAN DE VONDER S, DEMEULEMEESTER E, HERROELEN W. Proactive heuristic procedures for robust project scheduling: An experimental analysis[J]. European Journal of Operation Research, 2008, 189(3): 723-733.

[8] 崔南方，梁洋洋. 基于资源流网络与时间缓冲集成优化的鲁棒性项目调度[J]. 系统工程理论与实践，2018，38（1）：102-112.

[9] 张沙清，陈新度，陈庆新，等. 基于优化资源流约束的模具多项目反应调度算法[J]. 系统工程理论与实践，2011，31（8）：1571-1580.

第 5 章

考虑 RTC 的双目标鲁棒资源分配方法

本章内容提要：在不确定环境下，可更新资源在活动之间的转移通常会产生一定的调度成本，并影响某个调度的鲁棒性。为了解决这一问题，本章提出了一个双目标优化模型来做出资源转移决策，该模型旨在最小化 RTC 并最大化活动持续时间不确定的解决方案的鲁棒性。该模型采用了一种不同于以往文献的资源流方程，采用 NSGA-II 算法和帕累托模拟退火（PSA）算法作为求解方法。此外，将 NSGA-II 算法、PSA 算法与 ε 约束方法进行了比较，评价了其有效性。在一组标准测试集上进行了实验，并从非支配解数量、一般距离、超音量和间距 4 个方面对算法的效率进行了测试。最后，通过实际工程的实例分析，进一步证明了该模型和算法的实用性。

5.1 问题描述与建模

资源分配是项目调度中的核心问题之一，以确保可更新资源的有效利用，在制造业和服务业的生产系统中经常遇到。在不确定的环境中，资源在不同活动之间的转换往往会产生一定的调度费用，并且这种转换对调度计划的稳定性有直接的影响。本章提出的模型采用了一种新颖的面向资源的转移公式。当前，研究人员对资源调度的研究存在不足，一方面，涉及资源转移时间/成本的少数研究没有处理项目环境特征的不确定性；另一方面，现有的不确定性资源分配方法仅侧重于基于输入调度产生鲁棒资源流，而不考虑 RTC。本章将处理这两个研究方向的这些缺陷，并综合考虑活动持续时间的不确定性和 RTC，从而做出适当的资源转移决策。

设 $G=(N,A)$ 是使用活动节点图表示的有向优先级图，其中，$N = \{0,1,\cdots,n+1\}$ 是对应于项目活动的节点集，A 是表示活动之间零滞后完成–开始优先关系的弧集，节点 0 和 $n+1$ 分别表示项目的虚拟开始活动和虚拟结束活动，

两者的持续时间为零，不消耗任何资源。本章用到的参数及其含义如表 5-1
所示。

表 5-1　本章用到的参数及其含义

参数	含义
K	一套可更新资源类型，其索引为 k
A_R	资源流弧集
$T(A \cup A_R)$	拓展图 $G' = (N, A \cup A_R)$ 中的直接和传递优先关系集
n	非虚拟活动/任务的数量
R_k	每个活动期间各资源类型 $k \in K$ 可用的单位数
r_{jk}	执行任务 j 所需的资源类型 $k \in K$ 的单位数
d_j	活动的确定性（平均）持续时间
d_j^R	项目实施期间活动 $j \in N$ 的已实现持续时间（使用模拟的对数正态分布生成）
s_j	输入计划中活动 $j \in N$ 的基准开始时间
s_j^R	项目实施后活动 $j \in N$ 的实际开始时间
f_{ijk}	从活动 $i \in N$ 转移到活动 $j \in N$ 的资源类型 $k \in K$ 的单位数
e_{kl}	资源类型 $k \in K$，$l=1,2,\cdots,R_k$ 的第 1 个单元
c_k^{ij}	资源类型 $k \in K$ 从活动 $i \in N$ 到活动 $j \in N$ 的单位转移成本
w_j	活动 $j \in N$ 实际开始时间偏离基准开始时间的单位惩罚成本，也称活动权重
$\text{LPL}(i,j)$	拓展图 G' 中活动 i 和活动 j 之间最长路径上所有活动的基准持续时间之和

在建模过程中，资源分配基于现有的优先级和资源可行的项目时间表，具
有最小的制作跨度，由活动的平均持续时间获得。输入计划提供每个活动 j 的
基准开始时间 s_j。随后，对最优资源分配的搜索简化为对资源流网络的搜索，
该网络描述了通过资源流弧的额外集合 $A_R \subseteq N \times N$ 在基准调度计划中的活动
之间转移资源。当活动工期中断导致项目无法按计划执行时，可以根据资源分
配决策中的优先关系 A_R 来构建新的计划。此外，在项目执行期间，每个活动
的开始时间不得早于其基准开始时间 s_j。

此前关于 RCPSP 的研究通常采用基于活动的解决方案表示，其中，资源
流变量 f_{ijk} 用于表示从活动 i（完成时）直接转移到活动 j（开始时）的资源类
型 k 的单位数。在这项工作中，我们建立了一个面向资源流的网络模型，其中
定义了二元决策变量 y_{kl}^{ij}，以指示每个可更新资源单元将使用该特定资源单元
的活动序列。

决策变量：

$$y_{kl}^{ij} = \begin{cases} 1 & \text{若资源单元} e_{kl} \text{从活动} i \text{转移至活动} j \\ 0 & \text{其他} \end{cases}$$

事实上，与传统的基于活动的表示相比，二元资源单元表示在项目管理中具有一些优势。从实践的角度来看，每个资源单元都可以确定为大多数可更新资源。例如，对于人力资源，每个人都用他或她的名字来标识。此外，每台机器或设备通常在作业批次生产中都用 ID 编号或标记。对于面向活动的表示，我们只能获得整个网络中每个资源转移的数量。但是，对于面向资源的表示，我们不仅可以量化金额，还可以指定在项目活动之间转移的资源单元。这使项目经理能够在项目或生产计划中生成详细的计划或名册。从整体角度来看，这可能并不重要，但对于执行活动的每个员工来说，这非常重要。例如，如果员工能够在未来相当长的一段时间内获得项目时间表，则他/她可以做一些准备，从而提高工作效率。此外，还可以根据每个资源单元的进度安排一些外部工作，如对每台机器或设备进行修复或维护。

接下来，将问题表述为双目标优化模型。式（5-1）所示的目标函数最小化了项目的鲁棒性，定义为所有活动的 STC 之和。

$$\min \ f_1 = \sum_{j \in N} \text{STC}_j = \sum_{j \in N} w_j \times \Pr(s_j^R > s_j) \tag{5-1}$$

式中，$\Pr(s_j^R > s_j)$ 表示活动 j 由于技术受限及额外资源驱动的前序活动中断而无法在预定的基准开始时间 s_j 开始的概率。根据 Van de Vonder 等（2008）的研究，该概率由以下方程近似：

$$\Pr(s_j^R > s_j) = \sum_{\forall i:(i,j) \in T(A \cup A_R)} \Pr\left(d_i^R > s_j - s_i - \text{LPL}(i,j)\right)$$

式中，$(i,j) \in T(A \cup A_R)$ 表示活动 i 是活动 j 的前序活动。式（5-1）利用了有关活动权重、活动持续时间的方差结构及资源流引起的优先关系的信息。式（5-1）中活动权重 w_j 和活动延迟概率的乘积可以很好地衡量进度风险，因此可以很好地代表进度鲁棒性的大小（Van de Vonder 等，2008；Liang 等，2020）。较小的 $\sum_{j \in N} \text{STC}_j$ 对应于较强大的项目调度计划或生产计划。

式（5-2）所示的目标函数使整个计划中的 RTC 最小化，这是项目或生产调度中的一个重要问题，以确保有效利用稀缺的资源。例如，物理资源转移，其特点是在执行不同任务的地点之间转移资源，通常会产生一定的成本，如将起重机从建筑工地 A 运送到建筑工地 B。生产系统中计算机的设置成本是资源不更改位置时非物理资源转移的一个示例。为了增加利润和提高效率，实现更低的成本对企业来说意义重大。因此，除追求进度鲁棒性外，当包含一组额外的优先关系（表示资源流/转移）时，还需要优化 RTC。

$$\min f_2 = \sum_{i,j \in N} \sum_{k \in K} c_k^{ij} \sum_{l=1}^{R_k} y_{kl}^{ij} \qquad (5\text{-}2)$$

式中，c_k^{ij} 是资源类型 $k \in K$ 从活动 $i \in N$ 到活动 $j \in N$ 的单位转移成本。考虑到并非所有资源转移在实践中都会产生成本，c_k^{ij} 的值可以大于或等于 0。在继续讨论该问题的模型约束之前，使用图 5-1（a）的网络来说明两个目标函数之间可能的权衡。示例项目由 9 个非虚拟活动组成，只使用一种资源，该资源的可用量为 10 个单位。图 5-1（b）描述了通过 Demeulemeester 和 Herroelen（1992）的分支和绑定算法获得的具有最小 makespan 的基准时间表。图 5-2（a）显示了由资源使用配置文件表示的可行资源流网络。其中，实箭线表示技术优先关系 A，而虚箭线表示资源流弧集 A_R 施加的额外优先关系。请注意，某个调度计划可能有各种资源转移计划。例如，图 5-2（b）描绘了图 5-1（b）中基准调度计划的替代可行资源流网络。这两个可行资源流网络的总 RTC 分别为 97 和 83。在这项研究中，假设随机活动持续时间服从右偏斜对数正态分布，均值等于确定性持续时间，标准差 σ 表示持续时间变异性。在 $\sigma = 0.6$ 的情况下，由式（5-1）计算得到两个可行资源流网络相应的鲁棒值为 62 和 66。此外，额外资源流弧的数量分别为 5 和 7。显然，与图 5-2（b）所示的可行资源流网络相比，图 5-2（a）所示的可行资源流网络更可靠，传输成本更高。

这个例子强调了在不确定条件下，在两个目标函数之间进行质量权衡的重要性。因此，基于 RCPSP，必须确定一个有效的资源分配决策，以便同时优化进度鲁棒性和该决策产生的总 RTC。

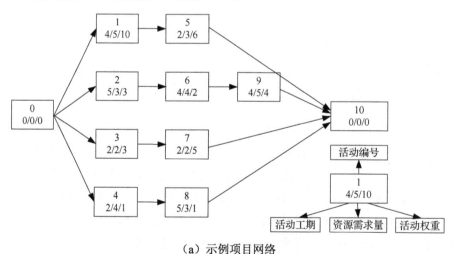

（a）示例项目网络

图 5-1　示例项目网络和基准时间表

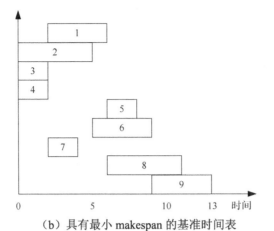

（b）具有最小 makespan 的基准时间表

图 5-1　示例项目网络和基准时间表（续）

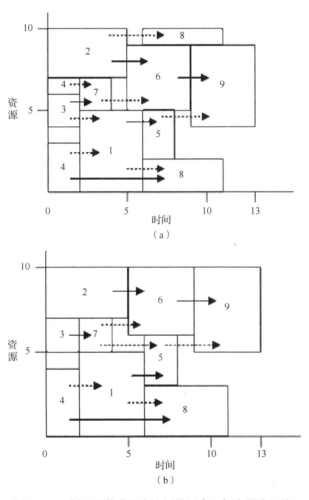

图 5-2　示例项目基准调度计划的两个可行资源流网络

约束条件:

$$\begin{cases} (s_i + d_i - s_j) \times y_{kl}^{ij} \leq 0 & \forall i,j \in N, \ i \neq j, \ s_i < s_j, \ k \in K, \ l = 1,2,\cdots,R_k \\ y_{kl}^{ij} = 0 & \text{其他} \end{cases} \quad (5\text{-}3)$$

$$\sum_{j \in N} y_{kl}^{0j} = 1, \quad \forall k \in K, \ l = 1,2,\cdots,R_k \quad (5\text{-}4)$$

$$\sum_{j \in N} y_{kl}^{j0} = 0, \quad \forall k \in K, \ l = 1,2,\cdots,R_k \quad (5\text{-}5)$$

$$\sum_{j \in N} y_{kl}^{j,n+1} = 1, \quad \forall k \in K, \ l = 1,2,\cdots,R_k \quad (5\text{-}6)$$

$$\sum_{j \in N} y_{kl}^{n+1,j} = 0, \quad \forall k \in K, \ l = 1,2,\cdots,R_k \quad (5\text{-}7)$$

式（5-3）确保如果存在任何资源类型 k 的资源流（$y_{kl}^{ij}=1$）从活动 i 转移到活动 j，则活动 i 和活动 j 的执行时间不会重叠。式（5-4）~式（5-7）强制虚拟开始活动和虚拟结束活动符合资源流关系，其中每个资源类型 k 的每个单元都应从虚拟开始活动转移到其他活动，并应流入来自其他活动的虚拟结束活动。式（5-8）表示，对于每个资源类型 k 的每个单位和每个非虚拟活动 $i \in N \setminus \{0,n+1\}$，如果该活动有输入流，则必须有从该活动到其他活动的输出流。式（5-9）施加了资源需求限制，也就是说，流入每个非虚拟活动 $i \in N \setminus \{0,n+1\}$ 的流量总和必须等于流出该活动的流量总和，且二者必须等于资源需求量 r_{ik}。式（5-10）规定，在项目实施期间，每个活动都不允许在其前序活动之前开始，也不允许早于其基准开始时间。式（5-11）揭示了决策变量的域。

$$\sum_{j \in N} y_{kl}^{ij} = \sum_{j \in N} y_{kl}^{ji} \leq 1, \quad \forall i \in N \setminus \{0,n+1\}, \ k \in K, \ l = 1,2,\cdots,R_k \quad (5\text{-}8)$$

$$\sum_{j \in N} \sum_{l=1}^{R_k} y_{kl}^{ij} = \sum_{j \in N} \sum_{l=1}^{R_k} y_{kl}^{ji} = r_{ik}, \quad \forall i \in N \setminus \{0,n+1\}, \ k \in K \quad (5\text{-}9)$$

$$s_j^{R} = \max\left(s_j, \max_{\forall i:(i,j) \in T(A \cup A_R)} (s_i^{R} + d_i^{R})\right), \quad \forall j \in N \quad (5\text{-}10)$$

$$y_{kl}^{ij} = \{0,1\}, \quad \forall i,j \in N, \ k \in K, \ l = 1,2,\cdots,R_k \quad (5\text{-}11)$$

请注意，所提出的优化模型（5-1）~优化模型（5-11）也适用于多个项目共享相同稀缺资源的环境。在这种情况下，RTC 应包含每个项目中活动之间的可更新资源的转移成本及不同项目之间转移资源的成本。

5.2 求解算法设计

5.1 节介绍了一种具有两个目标的资源分配的数学优化模型。在本节中，首先讨论解决方案表示形式，然后利用两种多目标元启发式算法求解该问题，即 NSGA-II（非支配排序遗传）算法和 PSA（帕累托模拟退火）算法。选择这两种算法的原因如下。首先，考虑元启发式算法中的两种常见算法，即基于种群的算法和基于局部搜索的算法，因此选择了 NSGA-II 的进化算法和 PSA 的局部搜索算法；其次，NSGA-II 算法通常被选为非支配排序算法，PSA 算法通常被选为基于存档的算法，适合求解 5.1 节的数学优化模型。此外，本节考虑了一种 ε 约束方法，以便与两种元启发式算法进行比较。

在式（5-3）～式（5-11）中，二元决策变量 y_k^{ij} 表示资源单元 e_{kl} 是否从活动 i 转移到活动 j。为了表示问题的染色体，设计了一个面向资源的二维矩阵来编码变量。图 5-3 所示为单个矩阵表示形式 M，通过 $\left(\sum_{k \in K} R_k \right) \times (n+2)$ 来描述。为了便于描述，将每种资源类型划分为多个资源单元，并将资源供应量 R_k 重新定义为资源类型 $k \in K$ 的所有资源单元的集合。因此，矩阵的每一列对应于一个活动 $j \in N$，每一行对应于一个资源单元 l，$l \in R$，$R = \bigcup k \in R_k$。矩阵的每个元素都可以是 0 或 1，其中，1 表示该行对应的资源单元流入该列对应的活动，否则为 0。根据输入计划，矩阵 M 可以解码为一组资源流弧。具体来说，对于每一行资源单元 l，如果将资源单元 l 分配给活动 j，即 $M(l,j)=1$，则可以获得一组活动 j。把这些活动按其基准开始时间的递增顺序进行排序，并且序列中的每一对相邻活动之间将进行资源转移，便形成了二维矩阵。因此，二维矩阵很好地指示了资源如何从一个活动转移到另一个活动。在这项研究中，初始个体是通过随机分配资源单元产生的。详细地说，所有活动都按照基准开始时间的递增顺序排序，形成一个活动列表 L。对于每个资源类型 $k \in K$，首先从列表 L 中选择一个活动 j，在活动 j 开始时间（s_j）获取可用资源单元的集合 $R_k' \subseteq R_k$；然后从集合 R_k' 中随机选择 r_{jk} 资源单元，并将它们分配给活动 j。这意味着在矩阵 M 中，与第 j 列中的 r_{jk} 资源单元对应的元素被设置为 1。因此，将已分配资源单元的状态设置为在活动 j 执行期间 $\left[s_j, s_j + d_j \right]$ 不可用。随后，资源单元 $l \in r_{jk}$ 的可用时间更新为 $s_j + d_j$。

活动

$$\begin{bmatrix} 1 & 1 & 0 & 0 & 0 & 0 & 0 & 0 & 0 & 0 & 0 & 1 \\ 1 & 1 & 0 & 0 & 1 & 0 & 0 & 0 & 0 & 0 & 0 & 1 \\ 1 & 1 & 0 & 0 & 1 & 1 & 0 & 0 & 0 & 1 & 0 & 1 \\ 1 & 1 & 0 & 0 & 1 & 0 & 0 & 0 & 0 & 1 & 0 & 1 \\ 1 & 1 & 0 & 0 & 1 & 1 & 0 & 0 & 0 & 1 & 0 & 1 \\ 1 & 0 & 1 & 0 & 0 & 0 & 0 & 1 & 0 & 0 & 1 & 1 \\ 1 & 0 & 1 & 0 & 0 & 0 & 0 & 1 & 0 & 0 & 1 & 1 \\ 1 & 0 & 1 & 0 & 0 & 0 & 0 & 1 & 0 & 0 & 1 & 1 \\ 1 & 0 & 0 & 0 & 1 & 0 & 0 & 1 & 0 & 1 & 1 & 1 \\ 1 & 0 & 0 & 0 & 1 & 0 & 0 & 0 & 1 & 0 & 1 & 1 \end{bmatrix}$$

资源单元

图 5-3　解决方案表示形式

5.2.1　NSGA-II 算法

NSGA-II 算法是 Deb 等（2002）提出的一种高效多目标进化算法。该算法旨在通过使用个体的种群结果来获得有效解集（帕累托最优前沿）的良好近似值。解决方案代表个体（Rabiee 等，2012；Chen 等，2017）。NSGA-II 算法的主要特点是它使用精英主义的非支配排序和拥挤距离估计来比较选择过程中不同解决方案的质量。具体而言，非支配排序将种群成员排列在一些非支配前沿类中，拥挤距离因子用于确定成员是否位于已知帕累托解的拥挤区域。有关更多信息，请参阅 Deb 等（2002）的文献、Li 和 Zhang（2008）的文献、Tabrizi 和 Ghaderi（2016）的文献等。

NSGA-II 算法的步骤如下。

步骤 1，将迭代编号表示为 t，设置 $t=0$。初始化大小为 N 的种群 P_t。

步骤 2，使用非支配排序和拥挤距离估计对 P_t 中的所有个体进行分类。

步骤 3，如果 t 等于预定义数字，则算法结束；否则，请转到步骤 4。

步骤 4，使用锦标赛选择机制、交叉算子和变异算子生成大小为 N 的后代种群 Q_t。

首先，交叉算子在亲本个体中随机选择两列，并交换中间部分以生成后代个体，如图 5-4（a）所示。然后，变异算子随机选择每个生成子项的一列，并反转该列的元素，如图 5-4（b）所示。为了处理不可行解，本节开发了一种启发式递归修复程序，该程序将在 5.2.4 节中讨论。

步骤 5，将亲本种群（P_t）和后代种群（Q_t）组合在一起，创建大小为 $2N$ 的新一代种群 R_t，即 $R_t=\{P_t \bigcup Q_t\}$。

步骤 6，使用非支配排序和拥挤距离估计对 R_t 中的所有个体进行分类。

步骤 7，根据等级和拥挤距离选择 N 个最优个体，形成下一个规模为 N 的

亲本种群 P_{t+1} ， $t = t + 1$ ，返回步骤 3。

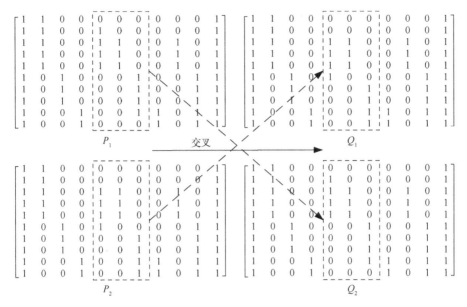

（a）交叉算子

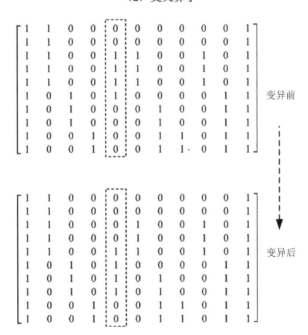

（b）变异算子

图 5-4 交叉算子和变异算子

5.2.2 PSA 算法

PSA 算法将模拟退火（SA）算法与遗传算法相结合，以提供有效的解决方案（Suman 和 Kumar，2006）。PSA 算法与 SA 算法一样，都采用了邻域概念、新解决方案的接受概率和退火机制。在每次迭代中，目标权重 λ 都会根据解的总体分布进行更新。这确保了生成的解涵盖整套有效的解决方案。PSA 算法的步骤如下。

步骤 1，初始化大小为 N 的群体 P_0，并更新 P_0 的每个解的非支配解集。初始化当前温度 $T = 1000\,^\circ\!C$。

步骤 2，在 P_0 的每个解 X 的邻域中生成一个随机解 Y，并计算表示为目标函数 f_i（$i = 1, 2$）。

步骤 3，如果当前的解是非支配的，则使用 Y 更新它。

步骤 4，从 P_0 中选择最接近 X 的非支配解 X'。

步骤 5，如果不存在这样的 X' 或它是 X 的第一次迭代，则设置随机权重 λ_i，使 $\forall i \in \{1, 2\}$，$\lambda_i \geqslant 0$，$\sum_i \lambda_i = 1$。

此外，对于每个目标函数 f_i，有

$$\lambda_i = \begin{cases} \alpha \lambda_i^x & f_i(X) \geqslant f_i(X') \\ \lambda_i^x / \alpha & f_i(X) < f_i(X') \end{cases}$$

式中，$\alpha > 1$ 是接近 1 的常数（如 $\alpha = 1.05$）。

步骤 6，以 P 概率接受得到的解

$$P = \min\left(1, \prod_{i=1}^{2} \exp\left\{\frac{-\Delta s_i}{T}\right\}\right)$$

式中，$\Delta s_i = \lambda_i \big(f_i(Y) - f_i(X)\big)$。如果解被接受，则将其设置为当前解，转到步骤 8。

步骤 7，如果解未被接受，则保留之前的解 X 为当前解，转到步骤 8。

步骤 8，降低温度，即 $T = \mu T$（$\mu < 1$），转到步骤 2。

5.2.3 ε 约束方法

ε 约束方法是求解多目标组合优化问题的著名方法。这种方法通过将一个目标以外的所有其他目标转换为约束来生成单目标子问题，称为 ε 约束问题（Bérubé 等，2009；Tabrizi 和 Ghadevi，2016）。在这项工作中，鲁棒性目标［式（5-1）］被保留为唯一的目标函数，而另一个目标［RTC 目标，式（5-2）］被转换为一个附加约束，可以通过式（5-12）写出。

$$\min f = f_1 = \sum_{j \in N} \mathrm{STC}_j$$

s.t. 　　　　　　　　　　　　　　　　　　　　　　　　（5-12）

$$f_2 \leqslant \varepsilon \text{并且满足式（5-3）～式（5-11）}$$

ε 约束方法的步骤如下。

步骤 1，使用 CPLEX 优化软件获取第二个目标 f_2（RTC 目标）的上限和下限；将 ε 的值设置为最大 RTC。

步骤 2，使用遗传算法来解决问题，其中最小化 f_1 是唯一的目标，并添加了一个额外的约束来设置 RTC 的上限 ε；将得到的解加入非支配解集中。

步骤 3，将 ε 的值减少 c，即 $\varepsilon = \varepsilon - c$。如果 ε 小于 RTC 的下限，则迭代终止；否则，请转到步骤 2。

5.2.4　修复不可行解

值得注意的是，在应用交叉/变异算子时，应不断检查和修改给定个体的可行性。本节开发了一种启发式递归修复程序，以修复不可行解。该程序的基本思想如下。

对于交叉/变异操作后的部分，依次检查每列和每行中等于 1 的元素。如果两个元素 $M(i,j)$ 和 $M(i,j')$ 都等于 1，且活动 j 的处理时间与活动 j' 的处理时间重叠，则这两个元素之间会发生冲突。在这种情况下，寻找一个元素 $M(i', j) = 0$，它可以被修复为 1 而不会导致任何冲突。如果存在这样的元素 $M(i',j)$，则设 $M(i,j) = 0$，$M(i',j) = 1$，表示冲突已解决。否则，在第 j 列的交叉和变异操作前，寻找另一个可被修复为 1 的元素 $M(i'',j) = 0$，设 $M(i,j) = 0$，$M(i'',j) = 1$。显然，现在 $M(i'',j)$ 变成了冲突元素。因此，上述冲突解决程序将在元素 $M(i'',j)$ 上反复使用，直到所有冲突都得到解决。

启发式递归修复程序的步骤如下。

步骤 1，将交叉/变异操作后的部分定义为 $M(i_0 : i_1, j_0 : j_1)$，设 $i = i_0$，$j = j_0$。

步骤 2，如果 $i > i_1$ 或 $j > j_1$，则程序终止并输出可行解；否则，转到步骤 3。

步骤 3，如果 $M(i,j) = 0$，则转到步骤 4；否则，转到步骤 5。

步骤 4，如果 $j < j_1$，则设置 $j = j+1$；否则，设置 $i = i+1$，$j = j_0$，转到步骤 2。

步骤 5，获取资源单元 i 上与活动 j 冲突的活动集 $\mathrm{ConflictSet}_{ij}$。如果 $\mathrm{ConflictSet}_{ij} = \varnothing$，则转到步骤 4；否则，转到步骤 6。

步骤 6，在活动 j 中寻找可行弧段 FeaRow_j。如果 $\mathrm{FeaRow}_j = \varnothing$，则转到步骤 7；否则，转到步骤 8。

步骤 7，在 FeaRow_j 中随机选择一行 i'，设 $M(i,j)=0,\ M(i',j)=1$，转到步骤 4。

步骤 8，在活动 j 中寻找可交换弧段 ExaRow_j，在 ExaRow_j 中随机选择一行 i'，设 $M(i,j)=0,\ M(i',j)=1$。

步骤 9，获取资源单元 i' 上与活动 j 冲突的活动集 $\mathrm{ConflictSet}_{i'j}$。

步骤 10，对于 $\mathrm{ConflictSet}_{i'j}$ 中的每个活动 j'，递归调用步骤 5~步骤 9，直到所有冲突都得到解决。

定理 1　上述修复过程会收敛到一个可行解，至少会收敛到交叉/变异之前的初始可行解。

证明　从交叉/变异操作的定义中可以发现，父解 Q（交叉/变异操作前）与子解 Q'（交叉/变异操作后）之间变化的列数是有限的。因此，Q 和 Q' 之间的变化元素数是有限的。

关于上述修复过程，需要注意的是，有冲突的元素 $M(i,j)$ 和 $M(i,j')$ 不能同时位于变化列的内部或外部，否则其中一个父解不可行。因此，对于与元素 $M(i,j')$（在变更列之外）冲突的元素 $M(i,j)$（在变更列之内），有如下两种情况。

情况 1：如果可以得到一个元素 $M(i',j)=0$，它可以被改为 1 而不会导致任何冲突，那么 $M(i,j)$ 和 $M(i,j')$ 之间的冲突可以通过设置 $M(i,j)=0$ 和 $M(i',j)=1$ 来解决（步骤 7）。显然，修复过程是收敛的。

情况 2：如果找不到无冲突元素 $M(i',\ j)$，则将在交叉/变异操作前寻找另一个元素 $M(i'',\ j)=0$，并设 $M(i,j)=0$ 和 $M(i'',\ j)=1$（步骤 8）。现在，$M(i'',j)$ 成为冲突元素。修复程序将反复使用，要么导致程序收敛的情况 1，要么导致 Q 和 Q' 之间的变化列每次迭代减少两个变化元素。如上所述，Q 和 Q' 之间的变化元素数是有限的，因此程序是收敛的，至少会收敛到交叉/变异操作之前的初始可行解。

5.3　模拟实验分析

5.3.1　实验参数设置

本节的模拟实验是使用著名的 PSPLIB 数据集（Kolisch 和 Sprecher，1997）

的 J30 项目实例进行的。由于测试集中所有实例的时间都很长，因此这项工作从 J30 中选择了 100 个样本。对于每个项目实例，每个解决方案算法独立应用 20 次（重复），并收集 20 次运行中 4 个性能指标的均值。该程序使用 MATLAB 语言和 CPLEX 12.8 在个人计算机上运行。

由于基准调度计划没有 RTC 和活动权重，因此生成基准调度计划如下。活动权重 w_j 是从离散三角形分布中得出的，其中，$P(w_j = x) = 0.21 - 0.02x$，对于 $x \in \{1, 2, \cdots, 10\}$，$\forall j \in N \setminus \{0\}$，$w_0 = 0$，正如大多数文献所做的那样（Van de Vonder 等，2008；Lambrechts 等，2011；Liang 等，2019）。活动 i 和活动 j 之间的资源类型 k 的单位转移成本 c_k^{ij} 最初遵循相同的离散三角形分布以保持一致性。考虑到并非所有资源转移都会产生成本，因此使用取值为[0,1]的随机数 rand 来修改 c_k^{ij} 的值：如果 rand $\leqslant 0.7$，则 c_k^{ij} 保持不变；否则，设置 $c_k^{ij} = 0$。请注意，$c_k^{ij} = c_k^{ji}$，$\forall i, j \in N$，$k \in K$。

对于每个项目实例，输入计划是通过应用 RCPSP 的分支和绑定算法生成的（Demeulemeester 和 Herroelen，1992）。为了对随机活动持续时间 d_i^R 进行建模，我们使用右偏斜对数正态分布 $R = \text{logrnd}(\mu, \sigma^2)$，$\mu = \ln(d_i - \sigma^2/2)$，其中，均值代表基准调度计划的确定性持续时间（$d_i = e^{\mu + \sigma^2/2}$），标准差代表持续时间变异性。右偏斜对数正态分布也被用于许多关于鲁棒项目调度的研究中（Van de Vonder 等，2008；Bie 等，2012；Hu 等，2015；2017）。

为了优化所提出的元启发式算法的行为，将交叉率（pc）和变异率（pm）分别作为 NSGA-II 算法的基础因素。同样，分别探索 PSA 算法的冷却速率 μ 和参数 α（用于更新目标权重）。根据一些初步实验，在选定的 J30 实例上测试了每个因素的 3 个水平。为了使求解效率具有可比性，将总体大小设置为 200，并且每个算法的计算时间限制为 300s（停止标准）。实验结果如表 5-2 所示，表中报告了所有项目的平均性能。请注意，粗体数字表示特定指标在 9 个因素组合中的最优性能。

从表 5-2 可以看出，在（pc,pm）=（0.9,0.15）的情况下，NSGA-II 算法实现了最大的 NDS，最小的 GD 和 SP，以及次大的 HV（各性能指标的具体含义见 5.3.2 节）。因此，将 NSGA-II 算法的交叉率和变异率分别设置为 0.9 和 0.15。同理，经过分析，对于 PSA 算法，将冷却速率 μ 和参数 α 分别设置为 0.9 和 1.05，可以得到最优性能。

表 5-2　不同算法参数组合下算法的性能

算法	性能指标	pc=0.7			pc=0.8			pc=0.9		
		pm=0.05	pm=0.1	pm=0.15	pm=0.05	pm=0.1	pm=0.15	pm=0.05	pm=0.1	pm=0.15
NSGA-II 算法	NDS	12.38	12.64	12.85	13.26	13.41	13.49	12.29	12.79	**13.57**
	GD	**14.88**	13.50	14.10	16.42	14.02	18.70	15.21	15.64	**11.70**
	HV	257963	260760	263363	258790	261391	260008	258790	**263976**	263614
	SP	0.0102	0.0081	0.0085	0.0070	0.0072	0.0089	0.0084	0.0082	**0.0066**
算法	性能指标	μ=0.85			μ=0.9			μ=0.98		
		α=1.02	α=1.05	α=1.1	α=1.02	α=1.05	α=1.1	α=1.02	α=1.05	α=1.1
PSA 算法	NDS	11.29	11.47	10.71	11.35	**12.35**	12.19	10.08	9.92	10.76
	GD	**39.29**	43.98	48.64	44.69	47.01	51.11	84.66	83.84	62.08
	HV	232269	238122	234690	235209	**238243**	231432	213270	214430	213574
	SP	0.0154	0.0153	0.0159	0.0146	**0.0133**	0.0153	0.0181	0.0156	0.0159

5.3.2　算法性能指标

本节介绍用于比较不同算法的性能指标。在多目标优化（MOO）中，从业者通常对算法能够产生的帕累托集近似值的质量感兴趣。然而，单一指标不能很好地评估 MOO 算法的有效性（Wang 和 Zheng，2018）。因此，这里采用了一组性能指标，如下所示。

（1）NDS（非支配解数量）：该指标计算算法获取的非支配解的总数。算法最好生成尽可能多的非支配解，以便提供足够数量的选择。

（2）GD（一般距离）：该指标估计帕累托前沿 P 与最优帕累托前沿 P^* 的距离（Zoraghi 等，2017）。式（5-13）定义了此指标。请注意，需要较小的 GD。

$$\text{GD}(P) = \frac{1}{\text{NDS}} \sum_{x \in P} \min\left\{ D_{xy} \mid y \in P^* \right\} \tag{5-13}$$

式中，D_{xy} 是从向量 x 到向量 y 的欧几里得距离，计算公式为 $D_{xy} = \sqrt{\sum_{i=1}^{\text{NDS}} \left(f_i(x) - f_i(y) \right)^2}$。由于所研究的双目标问题具有 NP 硬度，最优帕累托前沿难以获得，因此，将在 20 次运行中实现的两种算法的所有帕累托前沿都合并在一起，形成最优帕累托前沿。

（3）HV（超音量）：该指标表示近似集所覆盖的目标空间的大小。这是一个衡量亲密度和多样性的指标（Yen 和 He，2013），使用式（5-14）计算得出。显然，HV 越大的算法具有越好的性能。

$$\text{HV}(P) = \left\{ \bigcup_i a(x_i) \mid \forall x_i \in P \right\} \tag{5-14}$$

式中，x_i 是帕累托前沿 P 中的个体，$a(x_i)$ 是被参考点 (x, y) 和 x_i 覆盖或支配的区域。为了最小化两个目标函数，x 和 y 分别设置为 f_1 和 f_2 的上限。

（4）SP（间距）：该指标衡量非支配解沿近似前沿的分布（Yen 和 He，2013）。它由式（5-15）计算。

$$\text{SP} = \sqrt{\frac{1}{\text{NDS} - 1} \sum_{i=1}^{\text{NDS}} (D_i - \bar{D})^2} \tag{5-15}$$

式中，$D_i = \min_j \left\{ \sum_{k=1}^{m} |f_i(x) - f_j(x)| \right\}$，$i, j = 1, 2, \cdots, \text{NDS}$，$\bar{D} = \sum_{i=1}^{\text{NDS}} D_i / \text{NDS}$，$m$ 表示目标的数量。当解的间距几乎均匀时，相应的距离测量值将很小。因此，可以找到一组具有较小间距的非支配解的算法更好。

5.3.3　算法性能对比

本节将 3 种算法的性能进行对比，结果列在表 5-3 中，需要注意的是，每 10 个项目实例（如 J301_1、J301_2、……、J301_10）的平均性能被报告一次，因为它们属于同一类别。这将出现 J30 数据集中选定的 100 个实例的 10 个问题组的对比结果。同样，表 5-3 中的粗体数字表示相应的算法在特定指标方面实现了最优性能。

从表 5-3 可以看出，对于几乎所有的问题集，NSGA-II 算法都获得了最小的 GD、最大的 HV 和最小的 SP。具体来说，NSGA-II 算法提供的平均 GD 为 11.70，远远优于 ε 约束方法的 92.44。这表明，与 PSA 算法或 ε 约束方法相比，NSGA-II 算法的解集更接近参考前沿，分布更均匀。此外，将 PSA 算法与 ε 约束方法进行比较，可以看到前者在 GD 和 HV 方面比后者更具竞争力，而后者在 NDS 和 SP 方面更有利。总之，与 ε 约束方法相比，我们提出的求解方法可以产生更接近的帕累托前沿，代表了它们在求解双目标优化模型方面的可用性和优势。为了发现 3 种算法之间的差异是否具有统计显著性，本节对每个指标进行了显著性检验。在每个测试中，两个假设为

$$\begin{cases} H_0 : \mu_1 = \mu_2 = \mu_3 \\ H_1 : \mu_1 \neq \mu_2 \neq \mu_3 \end{cases} \tag{5-16}$$

式（5-16）中的原假设强调它们在特定指标方面没有显著差异，而备择假设推测相反的情况。NDS、GD、HV 和 SP 的 p 分别计算为 0.0277、0.000024、0.5861 和 0.000018。该结果表明，在 95% 置信水平下，这 3 种算法之间的差

异在 3 个指标（NDS、GD 和 SP）中具有统计学意义，因为它们的 p 小于 0.05。对于指标 HV，3 种算法并没有产生显著不同的结果（$p > 0.05$），尽管表 5-3 显示 NSGA-II 算法表现出比 PSA 算法或 ε 约束方法更大的 HV。

表 5-3   3 种算法性能对比结果

问题组	NDS			GD			HV			SP		
	PSA 算法	NSGA-II 算法	ε 约束方法	PSA 算法	NSGA-II 算法	ε 约束方法	PSA 算法	NSGA-II 算法	ε 约束方法	PSA 算法	NSGA-II 算法	ε 约束方法
1	9.70	12.10	**13.60**	17.81	**5.34**	33.58	130152	**146372**	136256	0.0158	**0.0081**	0.0116
2	**16.50**	13.10	14.60	27.30	**5.22**	38.64	126906	**132263**	123178	0.0097	**0.0083**	0.0087
3	15.20	13.70	**15.30**	16.55	**5.89**	49.52	236096	**262532**	231532	0.0134	**0.0084**	0.0123
4	**15.00**	11.10	14.90	27.12	**9.34**	69.57	195155	**205007**	194057	0.0189	0.0131	**0.0123**
5	**12.80**	10.60	11.60	21.75	**8.68**	116.85	175990	**196354**	165199	0.0098	**0.0044**	0.0098
6	10.70	**15.10**	**15.10**	82.72	**13.46**	124.67	298019	**330947**	277132	0.0120	**0.0031**	0.0075
7	12.10	**18.20**	**18.20**	44.91	**10.26**	82.67	233835	**262674**	226062	0.0148	**0.0063**	0.0097
8	12.50	15.20	**16.00**	77.75	**17.37**	119.04	363548	**394189**	334778	0.0129	**0.0050**	0.0107
9	10.10	13.30	**13.70**	56.93	25.63	178.33	280063	**323134**	264233	0.0111	**0.0052**	0.0076
10	8.90	13.30	**13.80**	97.25	**15.84**	111.55	342663	**382671**	303921	0.0151	**0.0043**	0.0089
均值	12.35	13.57	14.68	47.01	11.70	92.44	238243	263614	225635	0.0133	0.0066	0.0099

5.3.4 敏感度分析

在 5.3.3 节中，活动持续时间不确定水平（表示为 σ）已设置为 0.6。单位资源的转移成本 c_k^{ij} 是按照 [1,10] 上的离散三角形分布生成的（默认情况）。这两个参数分别影响其中一个目标函数，如式（5-1）和式（5-2）所示。因此，在本节中，我们进行了更多的实验来求解算法在另 4 组参数设置下的适应性。一方面，我们比较了 3 个 σ 下的情况（$\sigma \in \{0.3, 0.6, 0.9\}$），分别表示不确定水平为低、中、高；另一方面，我们将单位资源的转移成本设置为比默认情况更高的水平，同时保持相同的不确定水平 $\sigma = 0.6$。表 5-4 总结了相应的结果，其中报告了所有项目的平均执行性能。同样，粗体数字表示特定指标在 σ 或 c_k^{ij} 的不同设置下的最优值。

首先，对于这 3 种算法在特定问题设置下的有效性，可以得出类似的结论，如 5.3.3 节所示。其次，当活动持续时间不确定性处于 $\sigma = 0.3$ 的低水平时，所有算法都会生成最主要的解。随着不确定性的增加，算法在收敛性能（GD 和 HV）和均匀性能（SP）方面的得分往往更高，尤其是 NSGA-II 算法。

最后，当 c_k^{ij} 在默认情况下处于最低水平时，每种算法都获得了与最优帕累托前沿的最小 GD。因此，随着 c_k^{ij} 的增加，算法在 HV 和 SP 指标方面显示出更好的优势。这些结果为算法是否更适用于活动持续时间不确定性较大或 c_k^{ij} 较高的项目提供了有用的管理启示。

表 5-4　算法在 σ / c_k^{ij} 的不同设置下的性能

算法	性能指标	σ			c_k^{ij}		
		σ =0.3	σ =0.6	σ =0.9	[1,10]	[11,20]	[21,30]
PSA 算法	NDS	**13.85**	12.35	12.62	12.35	**12.43**	11.91
	GD	44.29	47.01	**33.10**	**47.01**	52.42	93.76
	HV	255360	238243	**280916**	238243	641641	**1144801**
	SP	0.0143	**0.0133**	0.0142	0.0133	0.0123	**0.0122**
NSGA-II 算法	NDS	**15.5**	13.57	14.35	13.57	17.54	**17.98**
	GD	16.72	11.70	**11.23**	**11.70**	18.98	33.58
	HV	274418	263614	**300897**	263614	702136	**1273617**
	SP	0.0081	0.0066	**0.0049**	0.0066	0.0055	**0.0040**
ε 约束方法	NDS	**17.79**	14.68	**15.64**	14.68	18.96	**19.04**
	GD	130.72	**92.44**	123.23	**92.44**	326.88	523.05
	HV	245349	225635	**270749**	225635	619680	**1136997**
	SP	0.0100	0.0099	0.0101	0.0099	0.0087	**0.0083**

5.3.5　转移时间扩展

本节研究 RCPSP 的扩展，其中考虑了转移时间，即 RCPSPTT。在 RCPSPTT 中，对于所有活动序列 $(i, j) \in A$，资源类型 $k \in K$，给出了序列和资源相关的转移时间 $\Delta_{ijk} > 0$，表示将任何单位的资源 k 从活动 i 转移到活动 j 所需的时间（Poppenborg 和 Knust，2016）。首先，通过求解 RCPSPTT 来获得一个输入计划，该计划不会被故意保护以防止中断，目标是最小化 makespan。输入计划提供每个活动 j 的基准开始时间 s_j。随后，调整 5.1 节式（5-1）~式（5-11）中的鲁棒资源分配模型以适用于 RCPSPTT，具体包括目标函数和相关优先关系约束。

目标函数：

$$\min f_1' = \sum_{j \in N} \text{STC}_j = \sum_{j \in N} w_j \times \sum_{\forall i:(i,j) \in T(A \cup A_R)} \Pr\left(d_i^R > s_j - s_i - \text{LPL}'(i,j)\right) \qquad (5\text{-}1')$$

式中，$\text{LPL}'(i,j)$表示考虑转移时间的活动i和活动j之间的最长路径的长度。

相关优先关系约束：

$$\begin{cases} \left(s_i + d_i + \Delta_{ijk} - s_j\right) \times y_{kl}^{ij} \leq 0 & \forall i,j \in N,\ i \neq j,\ s_i < s_j,\ k \in K,\ l = 1,2,\cdots,R_k \\ y_{kl}^{ij} = 0 & \text{其他} \end{cases}$$

$$(5\text{-}3')$$

$$s_j^R = \max\left\{s_j, \max_{\forall i:(i,j) \in T(A \cup A_R)}\left\{s_i^R + d_i^R + \max_{k \in K}\left\{\max_{l \in R_k}\left\{\Delta_{ijk} y_{kl}^{ij}\right\}\right\}\right\}\right\}, \quad \forall j \in N \qquad (5\text{-}10')$$

式（5-3′）确保如果资源类型$k \in K$的某些单元从活动i转移到活动j，则必须在活动i的完成时间和活动j的开始时间之间观察转移时间Δ_{ijk}。式（5-10′）指定了项目执行期间考虑活动之间转移时间的时刻表调度约束。式（5-4）～式（5-9）和式（5-11）与RCPSP的原始模型相同。

为了求解扩展模型［式（5-1′）、式（5-2）、式（5-3′）、式（5-4）～式（5-9）、式（5-10′）、式（5-11）］，考虑到转移时间，在初始化和修复过程中进行了充分的修改。关于初始化过程，我们需要获取每个活动j在其基准开始时间s_j的可用资源单元的集合$R_k' \subseteq R_k$。显然，对于传统RCPSP，可用资源单元应满足约束$\text{avail}_l \leq s_j$，$l \in R_k'$，其中avail_l表示资源单元l的可用时间。但是，对于本节中的RCPSPTT，其包含转移时间，因此不足以满足上述约束。因此，可用资源单元应满足一个附加约束，$\text{avail}_l + \Delta_{ijk} \leq s_j$，$l \in R_k'$，$\text{lastact}(l) = i$，其中，$\text{lastact}(l) = i$表示$i$是最后一个使用资源单元$l$的活动。

关于修复过程，RCPSPTT和RCPSP之间的区别在于冲突的定义。对于RCPSPTT来说，冲突不仅源于两个活动的处理时间重叠，还涉及两个活动之间的转移时间不足，通常$s_j + d_j + \Delta_{ijk} < s_{j'}$，$j,j' \in N$，$j \neq j'$，$s_j < s_{j'}$，$k \in K$，$l = 1,2,\cdots,R_k$。

在模拟实验中，单位资源的转移成本c_k^{ij}的生成遵循基于5.3.1节中实验布局的附加规则。也就是说，如果从活动i到活动j的转移时间$\Delta_{ijk} > 0$，则c_k^{ij}的值应大于零。NSGA-II算法和PSA算法在RCPSPTT中的性能如表5-5所示。

上述分析表明，所提出的双目标鲁棒资源分配模型和求解算法能够很好地适应RCPSPTT。此外，NSGA-II算法在4个指标上均优于PSA算法，这与表5-3中传统RCPSP的结果一致。

表 5-5　NSGA-II 算法和 PSA 算法在 RCPSPTT 中的性能

问题组	NDS		GD		HV		SP	
	PSA 算法	NSGA-II 算法	PSA 算法	NSGA-II 算法	PSA 算法	NSGA-II 算法	PSA 算法	NSGA-II 算法
1	**11.40**	10.10	22.61	**12.83**	165006	**170020**	0.0104	**0.0079**
2	7.40	**7.50**	7.94	**5.85**	73990	**74733**	0.0130	**0.0090**
3	**15.70**	13.70	24.09	**13.02**	333481	**337362**	0.0165	**0.0069**
4	**8.00**	5.30	**12.13**	17.41	**209019**	189172	0.0209	-
5	11.10	**13.80**	39.86	**21.00**	348461	**356173**	0.0152	**0.0059**
6	9.50	**12.90**	64.61	**35.37**	425636	**459235**	0.0203	**0.0030**
7	13.80	**17.40**	36.15	**27.00**	**386570**	360102	0.0138	**0.0088**
8	**12.60**	11.50	56.46	**14.10**	349377	**368523**	0.0190	**0.0099**
9	11.90	**13.20**	63.05	**38.92**	360355	**398410**	**0.0112**	0.0114
10	11.70	**13.80**	127.22	**44.38**	802258	**914106**	0.0118	**0.0088**
均值	11.31	**11.92**	45.41	**22.99**	345415	**362784**	0.0152	**0.0080**

5.4　案例研究

本节提供了一个基于真实建筑项目的案例研究，目的是将双目标优化方法与文献中可用的另两种资源分配方法及项目组实际使用的方法进行比较。W 市于 2017 年发布道路重建项目招标，项目网络如图 5-5 所示。该项目由建筑公司 M 投标并中标。使用挖掘机、装载机和钢材弯曲机 3 种可更新资源，可用量分别为 6 台、8 台和 6 台。表 5-6 和表 5-7 分别列出了 3 种资源类型的每个活动 j 的计划持续时间（ d_j ）和活动 j 的单期资源需求量（ r_{jk} ）。关于这种情况，首先通过求解由此产生的 RCPSP 来获得最小 makespan，而不考虑活动持续时间的不确定性。

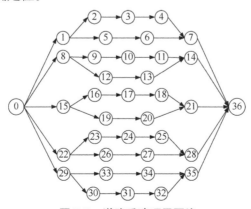

图 5-5　道路重建项目网络

表 5-6　项目活动计划持续时间

活动序号	1	2	3	4	5	6	7	8	9	10	11	12
计划持续时间	3	5	10	8	8	15	2	2	6	9	8	9
活动序号	13	14	15	16	17	18	19	20	21	22	23	24
计划持续时间	12	2	2	4	8	7	8	10	1	3	6	7
活动序号	25	26	27	28	29	30	31	32	33	34	35	
计划持续时间	4	12	15	2	1	3	5	3	10	11	3	

表 5-7　项目活动单期资源需求量

活动序号	1	2	3	4	5	6	7	8	9	10	11	12
挖掘机单期需求量/台	0	1	2	2	3	0	0	2	1	1	1	2
装载机单期需求量/台	2	1	3	2	4	2	2	3	1	2	3	2
钢材弯曲机单期需求量/台	0	0	2	0	2	3	0	0	0	1	0	1
活动序号	13	14	15	16	17	18	19	20	21	22	23	24
挖掘机单期需求量/台	1	0	1	2	2	3	2	2	0	0	3	3
装载机单期需求量/台	3	1	1	2	3	2	2	1	1	1	2	3
钢材弯曲机单期需求量/台	1	0	0	0	3	0	1	2	0	0	0	2
活动序号	25	26	27	28	29	30	31	32	33	34	35	
挖掘机单期需求量/台	1	2	2	0	0	2	2	2	3	3	0	
装载机单期需求量/台	3	1	3	2	2	1	4	3	2	1	3	
钢材弯曲机单期需求量/台	0	2	2	0	0	2	0	2	1	0		

项目组的管理人员手动制订了在活动之间分配资源的计划（称为 PRAC），产生的成本为 1567.57。为了方便起见，这一决定是基于直觉和经验的，没有考虑活动持续时间不确定性的存在。为了降低进度偏差的风险，同时控制整个项目的 RTC，我们应用双目标优化模型和 NSGA-II 算法，得到一套帕累托高效解，其中非支配解的数量为 31 个。

此外，我们测试和比较了另两种获取资源分配计划的方法。一种是 Artigues 等（2003）提出的随机程序（称为 RAND），其中通过迭代更新路由流量来扩展 PSGS，直到获得可行的资源分配计划，而不考虑任何优化标准。另一种是由 Deblaere 等（2007）开发的建设性程序（称为 MABO），该程序以启发式方法决定一次为一个活动分配最优资源，目标是最小化稳定性成本，稳定性成本表示为 $SC = \sum_{j \in N} w_j \times E\left|s_j - s_j^R\right|$。

为了评估各种资源分配计划的实际鲁棒性，项目组进行了一组实验来模拟资源分配调度计划的执行，同时比较 3 个 σ（$\sigma \in \{0.3, 0.6, 0.9\}$，分别代表

低、中、高活动持续时间不确定水平。对于每个资源分配计划和每个 σ，使用 PSGS 和时刻表策略生成 2000 个模拟副本（Num = 2000）。按照这种思路，采用基于仿真的稳定性成本作为评估进度鲁棒性的性能指标，即 SC = $\left(\sum\limits_{m=1}^{\text{Num}} \sum\limits_{j \in N} w_j \times \left| s_j - s_{jm}^{\text{R}} \right| \right) / \text{Num}$，其中，$s_{jm}^{\text{R}}$ 是第 m 个副本中活动 j 的实际开始时间。表 5-8 所示为模拟环境中各种资源分配计划的比较结果，其中解 i（$i=1,2,\cdots,31$）表示 NSGA-II 算法先前推导的帕累托边界中的第 i 个资源分配计划。

如表 5-8 所示，结论可以归纳为以下几点。

首先，项目组制订的资源分配计划在 RTC 和 SC 方面均优于双目标优化方法和 MABO 方法，与 PRAC 方法相比，NSGA-II 算法生成的非支配解将 RTC 降低了 8.3%～12.6%，并将 3 个 σ 下的 SC 分别降低了 12.7%～13.6%、9.2%～11.5% 和 6.0%～8.3%。此外，我们必须在 PRAC 方法和 RAND 方法之间进行权衡，因为前者的 RTC 略小，而后者在进度稳定性方面更好。

其次，在所有方法中，NSGA-II 算法的解通常保持最小的 RTC，并在 $\sigma = 0.3$ 的情况下获得最小的 SC。然而，随着 σ 的增大，就 SC 指标而言，MABO 方法成为更好的选择。这可以归因于这样一个事实，即 MABO 方法的目标是在活动持续时间不确定的条件下最小化 SC，而我们的研究采用开始时间关键度的总和作为鲁棒性衡量指标，同时寻求优化 RTC。值得注意的是，MABO 方法已被证明优于任何现有的资源分配方法，目的是最小化 SC（Demeulemeester 和 Herroelen，2010；Liang 等，2020）。然而，我们的方法能够在较小的 σ 下实现比 MABO 方法更小的 SC。与以往研究相比，研究结果验证了双目标优化模型和求解方法的有效性。

表 5-8　模拟环境中各种资源分配计划的比较结果

资源分配计划	RTC	SC		
		$\sigma = 0.3$	$\sigma = 0.6$	$\sigma = 0.9$
解 1	14372	26789	38638	54778
解 2	14362	26755	38648	54859
解 3	14210	26789	38638	54778
解 4	14200	26755	38648	54859
解 5	14156	26843	38698	54808
解 6	14146	26810	38706	54889
解 7	14133	26810	38716	54960

续表

资源分配计划	RTC	SC		
		$\sigma = 0.3$	$\sigma = 0.6$	$\sigma = 0.9$
解 8	14075	26789	38638	54778
解 9	14065	26755	38648	54859
解 10	14021	26843	38698	54808
解 11	14011	26810	38706	54889
解 12	13998	26810	38716	54960
解 13	13991	26810	38706	54889
解 14	13978	26810	38716	54960
解 15	13958	26810	38716	54960
解 16	13938	26810	38716	54960
解 17	13934	26768	38774	54999
解 18	13891	26856	38818	54948
解 19	13881	26823	38826	55029
解 20	13871	26856	38818	54948
解 21	13861	26823	38826	55029
解 22	13851	26856	38818	54948
解 23	13841	26823	38826	55029
解 24	13831	26856	38818	54948
解 25	13821	26823	38826	55029
解 26	13798	26856	38818	54948
解 27	13788	26823	38826	55029
解 28	13768	26823	38826	55029
解 29	13728	26823	38826	55029
解 30	13715	26823	38836	55099
解 31	13697	27075	39639	56166
PRAC	15676	31007	43662	59757
RAND	15734	29310	40206	55464
MABO	14304	28368	37541	51290

5.5 本章小结

本章描述了一个实际的资源分配问题，该问题考虑了不确定的活动持续时间和 RTC 的组合。我们的研究做出了以下贡献。第一，与现有的资源流公式相比，定义了二元决策变量，以指示每个活动将使用特定资源单元的顺序，提供有关资源利用的更详细的信息，从而促进管理工作。第二，提出了一个双目标优化模型，该模型允许管理者利用有效帕累托前沿来平衡进度鲁棒性和 RTC。第三，为了有效地解决问题，使用定制的解决方案表示形式、交叉、变异和启发式递归修复程序来应用两种元启发式算法，即 NSGA-II 算法和 PSA 算法。第四，我们的模拟实验和实际案例研究表明，该模型和算法在实践中是适用的，并且是有益的。

建议未来的研究纳入一些更现实的考虑因素，如返工和变更单、资源不确定性及国内外均需要转移的可更新资源的多项目背景。同样值得研究的是资源转移时间的集成（单阶段）鲁棒项目调度问题，在不确定的环境中，同时考虑有关活动调度和资源转移的决策。此外，需要进一步研究开发更有效的多目标进化算法来解决 RCPSP 扩展问题，以及评估其他基准中应用的算法。

参考文献

[1] ARTIGUES C, MICHELON P, REUSSER S. Insertion techniques for static and dynamic resource-constrained project scheduling[J]. European Journal of Operational Research, 2003, 149(2): 249-267.

[2] BÉRUBÉ J F, GENDREAU M, POTVIN J Y. An exact -constraint method for bi-objective combinatorial optimization problems: application to the traveling salesman problem with profits[J]. European Journal of Operational Research, 2009, 194(1): 39-50.

[3] BIE L, CUI N, ZHANG X. Buffer sizing approach with dependence assumption between activities in critical chain scheduling[J]. International Journal of Production Research, 2012, 50(24): 7343-7356.

[4] CHEN R, LIANG C, GU D, et al. A multi-objective model for multi-project scheduling and multi-skilled staff assignment for IT product development considering competency evolution[J]. International Journal of Production Research, 2017, 55(21): 6207-6234.

[5] DEB K, PRATAP A, AGARWAL S, et al. A fast and elitist multiobjective genetic algorithm: NSGA-II[J]. IEEE Transactions on Evolutionary Computation, 2002, 6(2): 182-197.

[6] DEBLAERE F, DEMEULEMEESTER E, HERROELEN W, et al. Robust resource allocation decisions in resource‐constrained projects[J]. Decision Sciences, 2007, 38(1): 5-37.

[7] DEMEULEMEESTER E, HERROELEN W. A branch-and-bound procedure for the multiple resource-constrained project scheduling problem[J]. Management Science, 1992, 38(12): 1803-1818.

[8] DEMEULEMEESTER E, HERROELEN W. Robust project scheduling[J]. Foundations and Trends® in Technology, Information and Operations Management, 2010, 3(3-4): 201-376.

[9] HU X, DEMEULEMEESTER E, CUI N, et al. Improved critical chain buffer management framework considering resource costs and schedule stability[J]. Flexible Services and Manufacturing Journal, 2017, 29: 159-183.

[10] HU X, CUI N, DEMEULEMEESTER E. Effective expediting to improve project due date and cost performance through buffer management[J]. International Journal of Production Research, 2015, 53(5): 1460-1471.

[11] KOLISCH R, SPRECHER A. PSPLIB-A project scheduling problem library: OR software-ORSEP operations research software exchange program[J]. European Journal of Operational Research, 1997, 96(1): 205-216.

[12] LAMBRECHTS O, DEMEULEMEESTER E, HERROELEN W. Time slack-based techniques for robust project scheduling subject to resource uncertainty[J]. Annals of Operations Research, 2011, 186: 443-464.

[13] LI H, ZHANG Q. Multiobjective optimization problems with complicated pareto sets, MOEA/D and NSGA-II[J]. IEEE Transactions on Evolutionary Computation, 2008, 13(2): 284-302.

[14] LIANG Y, CUI N, HU X, et al. The integration of resource allocation and time buffering for bi-objective robust project scheduling[J]. International Journal of Production Research, 2020, 58(13): 3839-3854.

[15] POPPENBORG J, KNUST S. A flow-based tabu search algorithm for the RCPSP with transfer times[J]. Or Spectrum, 2016, 38: 305-334.

[16] RABIEE M, ZANDIEH M, RAMEZANI P. Bi-objective partial flexible job shop scheduling problem: NSGA-II, NRGA, MOGA and PAES approaches[J]. International Journal of Production Research, 2012, 50(24): 7327-7342.

[17] SUMAN B, KUMAR P. A survey of simulated annealing as a tool for single and multiobjective optimization[J]. Journal of the Operational Research Society, 2006, 57(10): 1143-1160.

[18] TABRIZI B H, GHADERI S F. A robust bi-objective model for concurrent planning of project scheduling and material procurement[J]. Computers & Industrial Engineering, 2016, 98: 11-29.

[19] VAN DE VONDER S, DEMEULEMEESTER E, HERROELEN W. Proactive heuristic procedures for robust project scheduling: An experimental analysis[J]. European Journal of Operational Research, 2008, 189(3): 723-733.

[20] WANG L, ZHENG X. A knowledge-guided multi-objective fruit fly optimization algorithm for the multi-skill resource constrained project scheduling problem[J]. Swarm and Evolutionary Computation, 2018, 38: 54-63.

[21] YEN G G, HE Z. Performance metric ensemble for multiobjective evolutionary algorithms[J]. IEEE Transactions on Evolutionary Computation, 2013, 18(1): 131-144.

[22] ZORAGHI N, SHAHSAVAR A, NIAKI S T A. A hybrid project scheduling and material ordering problem: Modeling and solution algorithms[J]. Applied Soft Computing, 2017, 58: 700-713.

第 6 章

资源专享−转移视角下的多项目资源分配
与鲁棒调度优化

本章内容提要：多项目资源管理有时需要采用一种资源专享−转移（resource dedication-transferring，RDT）策略，在该策略下，可更新资源在多项目之间不共享，但在当前项目完工之后其资源可以转移至其他尚未开始的项目。针对这一实际问题（称为 RMPSP-RDT）的理论研究非常有限。考虑活动工期的不确定性，从时差效用函数视角评价项目调度计划的鲁棒性，在考虑拖期成本−鲁棒性的多目标问题框架下，构建了一个 RDT 视角下的多项目资源分配（战术层）与鲁棒调度（运作层）双层决策优化模型。针对模型的 NP-hard 性质和多目标组合优化特征，本章设计了自适应大邻域搜索（adaptive large neighborhood search，ALNS）算法求解模型。该算法采用"项目−缓冲−资源−活动"列表的混合编码来表示问题可行解，提出基于 4 类列表的 destroy-repair 邻域结构，设计超音量指标进行自适应搜索以提高算法性能。最后，为了验证 ALNS 算法的适用性和有效性，用 NSGA-II 算法作为比较基准，通过大规模模拟实验对算法性能进行对比分析，并探索工期不确定水平对多项目调度计划鲁棒性的影响。

6.1　问题背景

随着现代经济社会的发展，各类项目日益大型化和复杂化，多项目管理成为项目管理实践和理论研究的热点。有数据显示，高达 90% 的项目是在多项目环境下执行的（Lova 等，2000）。在多项目管理实践中，不同的子项目因资源约束而相互耦合，如何将有限的资源在各项目之间及项目内部进行规划分配，并据此调度安排项目活动以使多项目按计划按时完工，是项目决策者的重要工作和艰巨挑战（Laslo 和 Goldberg，2008）。资源规划决定了多项目对资源的利用效率，也影响到多项目调度计划的制订和实施。根据多项目执行环境（如地理位置分布）或资源的特征，子项目之间对可更新资源（如机器、设备、人力资源等）的使用表现为两种形式：资源共享（resource sharing）和资源不共享（或称资源专享，resource dedication）。前者是指多个项目可以从一个公共资源池中共享相同的稀缺资源；后者是指多个项目同时独立开展，每个项目有各自的资源池，项目在执行过程中不与其他项目分享资源。

　　本章基于 Beşikci 等（2013；2015）的研究，考虑专享资源供当前项目完成之后可以转移到另一个需要同种资源的待开工项目，提出 RDT 策略。RDT 问题具有广泛的多项目应用背景，如对于地理位置分散的大型建筑工程项目，各个子项目的执行都必须用到同种稀缺的机器资源，但重型机械设备因其高昂的运输成本和安装成本而不方便在不同的建筑工地间来回转移，因此只能当前一个项目完工之后其资源释放出来再供其他项目开始使用（Browning 和 Yassine，2010；Beşikci 等，2015）。又如，对于高度技术密集型的产品研发项目或软件开发项目，专家或工程人员的数量是有限的，如果人员频繁地在多个子项目进展过程中来回切换工作，则会降低劳动生产率、破坏"学习曲线"效应、导致额外的沟通与协调工作量，增加多项目管理的难度和复杂性（Liu 和 Lu，2019）。因此，管理层通常希望尽可能杜绝多项目执行过程中人员的"多任务"情形，待工程人员完成当前项目之后再调配其从事新项目。此时，决策者不仅要在战术层考虑资源的投入和项目建设周期，还要在具体的运作层考虑子项目活动调度优化。

　　本章研究的 RMPSP-RDT 具体描述为：企业在一段时期内可同时开展 $|V|$ 个项目，子项目与子项目之间相互独立（不存在紧前关系），子项目内部活动之间具有结束–开始型紧前关系，所有活动不可拆分且均需要可更新资源。企业共有 K 种可更新资源，每种资源总的供应量 R_k（$k \in K$）有限，资源在多项目执行中不支持共享，但当使用某种资源的子项目完成且另一个需要同类资源的子项目即将开始时，资源可以在子项目之间进行转移。每个子项目 $v \in V$ 可以在任意时刻开始，其开始时间属于决策变量；如果子项目 v 超出规定的交付日期完工，则会面临一定的拖期惩罚成本。RMPSP-RDT 旨在确定多项目的资源分配方案、子项目执行顺序及子项目内部的活动安排。

　　表 6-1 总结了 RMPSP-RDT 相关参数及含义。

表 6-1　RMPSP-RDT 相关参数及含义

参数	含义
V'	$V'=V\cup\{s,e\}$，其中，多项目集合 $V=\{1,2,\cdots,\lvert V\rvert\}$，$s$ 和 e 分别表示虚拟首项目和虚拟尾项目
J_v	子项目 $v\in V$ 的所有活动集合，$J_v=\{1,2,\cdots,N_v\}$（其中序号 1 和 N_v 分别表示子项目 v 的虚拟首活动和虚拟尾活动）
v_i	子项目 v 的第 i 个活动，$i=1,2,\cdots,N_v$（其中虚拟尾活动编号 v_{N_v} 简写为 v_N）
P_v	子项目 $v\in V$ 中活动之间的前序关系集合；$(i,j)\in P_v$ 表示活动 i 是活动 j 的直接前序活动
Succ_{v_i}	活动 v_i 的所有直接和间接后序活动的集合
Succ_v	因资源转移关系形成的子项目 v 的后序子项目的集合
K	可更新资源类别集合
R_k	第 k 种可更新资源的总供应量，$k\in K$
r_{vik}	活动 v_i 对资源 k 的单位时段需求量，$i\in J_v$，$k\in K$
d_{vi}	活动 v_i 的计划工期（均值），$i\in J_v$，$v\in V$
dd_v	子项目 v 规定的工期，$v\in V$
DD	项目群规定的工期
C_v	子项目 v 的完工日期超出规定工期的单位拖期成本，$v\in V$
W_v	子项目 v 实际开始时间偏离计划开始时间的单位惩罚成本，$v\in V$
w_{v_i}	活动 v_i 实际开始时间偏离计划开始时间的单位惩罚成本，$i\in J_v$，$v\in V$
T	项目群规定工期的上界

6.2　模型构建

6.2.1　基于时差效用函数的鲁棒性指标

前面已对鲁棒性有较详细的介绍，在此重申：项目调度的鲁棒性分为"质"鲁棒性和"解"鲁棒性两种。"质"鲁棒性是指基准调度计划对应的目标函数值（如项目工期、净现值或成本）对干扰因素的不敏感性；"解"鲁棒性是指基准调度计划与项目实际执行时调度计划之间的差别大小，也称为计划鲁棒性或稳定性。现有文献对"解"鲁棒性的度量方法可归纳为 3 类：基于活动时差的、基于活动开始时间偏差的及活动参数不确定条件下的鲁棒性指标。目前，基于活动时差的鲁棒性指标因其不需要考虑不确定事件的相关信息、不依赖模拟仿真等优势，成为衡量"解"鲁棒性的主要方法（张静文等，2018；张立辉等，2018）。其中，自由时差（free slack）的定义为一项活动在不影响其紧后活动最早开始的情况下，从它的最早开始时间起可以被推迟的时间。Lambrechts 等（2008）指出，活动拥有的自由时差的大小对项目

"解"鲁棒性的贡献度是递减的，更多的活动拥有时差，调度计划的稳定性将更高，据此提出了一种基于活动自由时差效用函数的指标来度量项目调度计划的"解"鲁棒性，定义为

$$\mathrm{RM} = \sum_i \mathrm{CIW}_i \sum_{j=1}^{\mathrm{fs}_i} \mathrm{e}^{-j} = \sum_i \left(\left(w_i + \sum_{l \in \mathrm{Succ}_i} w_l \right) \sum_{j=1}^{\mathrm{fs}_i} \mathrm{e}^{-j} \right) \qquad （6\text{-}1）$$

式中，fs_i 为活动 i 在资源约束下的自由时差；权重 w_i 表示活动 i 实际开始时间偏离计划开始时间的单位惩罚成本；CIW_i 表示活动 i 的累积不稳定权重，其值等于活动 i 及其直接和间接后序活动的权重之和，CIW_i 越大，表明该活动拖期对调度计划的影响越严重。

在实践中，项目不能按时开始的后果通常比单个活动延迟开工更为严重，如果子项目之间具有资源转移关系（见图 6-1），则前一个子项目延迟开始对整个项目群的稳定执行影响较大。因此，借鉴 Lambrechts 等（2008）的研究，定义基于项目自由时差效用函数的鲁棒性指标为

$$\mathrm{RM}_{\mathrm{proj}} = \sum_{v \in V} \mathrm{ciw}_v \sum_{j=1}^{\Delta_v} \mathrm{e}^{-j} \qquad （6\text{-}2）$$

式中，Δ_v 代表子项目 v 的自由时差；ciw_v 是子项目 v 实际开始时间偏离计划开始时间的累积不稳定权重，计算公式为 $\mathrm{ciw}_v = W_v + \sum_{l \in \mathrm{Succ}_v} W_l$，其中，$W_v$ 表示子项目 v 实际开始时间偏离计划开始时间的单位惩罚成本，Succ_v 表示因资源转移关系而形成的子项目 v 的后序项目的集合。

此外，时间缓冲方法提供了一种应对不确定性、构建鲁棒性项目调度计划的有效方法（Liu 和 Lu，2019；田文迪等，2014；Lambrechts 等，2008）。因此，这里提出在具有资源转移关系的两个子项目之间插入时间缓冲（后面简称缓冲），为前一个项目的延迟提供保护，提高后序项目按计划开始和执行的概率。

6.2.2 双目标 RMPSP-RDT 优化模型

在不确定情形下，决策者不仅追求项目成本低，还期望调度计划具有较强的抗干扰能力，因此，本节构建双目标 RMPSP-RDT 优化模型如下。

1）决策变量

u_{vk}：分配至子项目 v 并由该项目独占的可更新资源 k 的数量，$v \in V$，$k \in K$。

F_v：子项目 v 的开始时间。

$f_{vv'k}$：资源 k 供项目 v 完成之后转移至项目 v' 的数量。

$$Y_{vv'} = \begin{cases} 1 & \text{如果项目}v'\text{在项目}v\text{完成后开始} \\ 0 & \text{其他} \end{cases}。$$

$$x_{v_it} = \begin{cases} 1 & \text{如果活动}v_i\text{在时刻}t\text{结束} \\ 0 & \text{其他} \end{cases}。$$

2）目标函数

模型的第一个目标为最小化总加权拖期成本，这是多项目调度问题中最常见的优化目标之一，表示为

$$\min f_1 = WT = \sum_{v \in V} C_v \left(F_v + \sum_{t=1}^{T} tx_{v_Nt} - \mathrm{dd}_v \right) \tag{6-3}$$

模型的第二个目标为最大化多项目调度计划鲁棒性，该指标同时考虑了项目自由时差效用函数和活动自由时差效用函数两部分，表示为

$$\max f_2 = \mathrm{RM}_{\mathrm{proj}} + \sum_{v \in V} \mathrm{RM}_v$$

$$= \sum_{v \in V} \mathrm{ciw}_v \sum_{j=1}^{\Delta_v} \mathrm{e}^{-j} + \sum_{v \in V} \left(\sum_{i \in J_v} \mathrm{CIW}_{v_i} \sum_{j=1}^{\mathrm{fs}_{v_i}} \mathrm{e}^{-j} \right) \tag{6-4}$$

3）约束条件

$$\sum_{t=1}^{T} x_{v_it} = 1, \qquad \forall i \in J_v, \ \forall v \in V \tag{6-5}$$

$$\sum_{t=1}^{T} (t - d_{v_b}) x_{v_bt} \geqslant \sum_{t=1}^{T} tx_{v_at}, \quad \forall (a,b) \in P_v, \ \forall v \in V \tag{6-6}$$

$$\sum_{v \in V} u_{vk} \leqslant R_k, \ \forall k \in K \tag{6-7}$$

$$F_{v'} - F_v - \sum_{t=1}^{T} tx_{v_Nt} \leqslant MY_{vv'}, \ \forall v, v' \in V \tag{6-8}$$

$$F_v + \sum_{t=1}^{T} tx_{v_Nt} - F_{v'} \leqslant M(1 - Y_{vv'}), \ \forall v, v' \in V \tag{6-9}$$

$$f_{vv'k} \leqslant MY_{vv'}, \ \forall v, v' \in V, \ \forall k \in K \tag{6-10}$$

$$\sum_{j \in N_v} \sum_{t=1}^{T} r_{vjk} x_{vjq} \leqslant u_{vk} + \sum_{v' \in V} f_{v'vk}, \ \forall k \in K, \ \forall v \in V \tag{6-11}$$

$$u_{vk} + \sum_{v' \in V} f_{v'vk} \geqslant \sum_{v' \in V} f_{vv'k}, \ \forall k \in K, \ \forall v \in V \tag{6-12}$$

$$\max_{v \in V} \left\{ F_v + \sum_{t=1}^{T} tx_{v_Nt} \right\} \leqslant \mathrm{DD} \tag{6-13}$$

$$x_{v_it} \in \{0,1\}, \ \forall v \in V, \ \forall i \in J_v, \ \forall t \in T \tag{6-14}$$

$$Y_{vv'} \in \{0,1\}, \quad u_{vk}, F_v, f_{vv'k} \in Z^+$$
$$\forall v, v' \in V, \quad \forall k \in K \tag{6-15}$$

式（6-5）表示任意活动 v_i 只能在一个时间点开始。式（6-6）是任意子项目 v 内部的活动优先关系约束，即任意活动 a 完成之前，其紧后活动 b 不能开始。式（6-7）为资源分配约束，表示分配至所有子项目的专享资源数量之和不超过企业可更新资源的总供应量。式（6-8）和式（6-9）定义了决策变量 F_v 和 $Y_{vv'}$ 之间的关系，即如果项目 v 在项目 v' 开始之前结束，则 $Y_{vv'}=1$，否则 $Y_{vv'}=0$。式（6-10）定义了决策变量 $Y_{vv'}$ 和 $f_{vv'k}$ 之间的关系：当 $Y_{vv'}=0$ 时，项目 v 和项目 v' 之间一定不存在资源转移关系（$f_{vv'k}=0$）；反之，$f_{vv'k}$ 才有可能取正值。式（6-11）是任意子项目 v 内部的资源需求约束，表示项目 v 中任意时刻正在进行的活动对资源 k 的总消耗量不超过分配至该项目的专享资源量与其他子项目完成之后转移到该项目的资源量之和（合称为该项目执行时所获得的资源总量），且所有资源到位之后该项目才能正常开始。式（6-12）为项目间资源转移约束，表示从项目 v 流出的资源数量不超过该项目所获得的资源总量。式（6-13）给出了项目群完工截止日期约束。式（6-14）和式（6-15）定义了决策变量的可行域。需要指出的是，各子项目调度计划采用的是独立于时间的相对表示方式，因此活动 v_i 在多项目计划中的完工时间等于 $\sum_{t=1}^{T} t x_{v_i t}$ 加上子项目 v 的开始时间 F_v。

6.3　求解算法设计

RMPSP-RDT 实际上是一个分层决策问题：一方面，运作层活动调度是一个资源受限项目调度问题（resource-constrained project scheduling problem，RCPSP）；另一方面，因多项目间不共享资源，可将每个子项目视为一个活动，不同的资源分配量对应不同的项目完工时间，因此战术层规划可视为一个涉及时间/资源权衡（time/resource trade-off）的多模式资源受限项目调度问题（multi-mode RCPSP）。文献中已证明 RCPSP 属于 NP-hard 问题（寿涌毅，2010），因此 RMPSP-RDT 同样是 NP-hard 问题。为了对模型进行有效求解，本章设计了一种自适应大邻域搜索（adaptive large neighborhood search，ALNS）算法。ALNS 算法近年来在生产调度和物流配送等诸多领域都得到了广泛的研究与应用（Palomo-Martínez 等，2017；Kiefer 等，2017），然而，目前其在项目调度领域，特别是针对带有多目标的多项目调度问题，研究还非常有限（Gomes 等，2014）。鉴于此，本章针对 RMPSP-

RDT 的特点创新地设计了 ALNS 算法中的各个组成部分，包括编/解码设计、种群初始化、邻域结构等，提出适应问题特征的双目标求解算法。

6.3.1 编/解码设计与种群初始化

1）编码设计

针对 RMPSP-RDT，可行解的编码应该包含以下信息：多项目的执行顺序、插入缓冲的大小、资源分配数量及活动安排顺序。因此，采用"项目–缓冲–资源–活动"列表的混合编码来表示可行解的结构，记为

$$Ind = \{L, B, A_k(\forall k \in K), AL_v(\forall v \in V)\}$$

式中，$L = (\lambda_1, \lambda_2, \cdots, \lambda_v, \cdots, \lambda_{|V|})$ 为多项目优先级列表，表示子项目开始的先后顺序；$B = (b_1, b_2, \cdots, b_v, \cdots, b_{|V|})$ 为多项目缓冲列表，元素 b_v 表示子项目 v 之前插入的缓冲大小；$A_k = (a_{1k}, a_{2k}, \cdots, a_{vk}, \cdots, a_{|V|k})$ 为多项目资源分配列表，元素 a_{vk} 表示子项目 v 实际执行时获得的资源类型 k 的数量，包括分配至该项目的专享资源量和其他子项目完成之后转移到该项目的资源量两部分；$AL_v = (l_{v_1}, l_{v_2}, \cdots, l_{v_i}, \cdots, l_{v_{|V_v|}})$ 为子项目 $v \in V$ 内部的活动优先级列表，表示活动安排的先后顺序。需要指出的是，多项目缓冲列表和多项目资源分配列表采用实数编码的方式；多项目优先级列表和活动优先级列表采用序列编码方式，即列表中的每个位置代表对应的子项目或活动编号。

表 6-2 给出了一个包含 5 个子项目的 RMPSP-RDT 编码示例，每个子项目均包含 10 个实际活动，假设项目群只用到一种可更新资源，该资源的总可用量为 67 个单位。

表 6-2 RMPSP-RDT 编码示例

解组成		对应编码
L		4　1　5　2　3
B		4　0　16　0　0
A_k		64　20　31　15　11
AL$_v$	子项目 1	1　2　11　3　4　10　8　6　5　9　7　12
	子项目 2	1　2　4　3　11　5　10　6　8　9　7　12
	子项目 3	1　5　4　3　6　2　11　10　7　8　9　12
	子项目 4	1　2　11　3　4　5　6　7　8　10　9　12
	子项目 5	1　5　3　2　7　11　4　6　8　9　10　12

2）解码设计

对以上编码进行解码操作的步骤如下。

（1）对于任意子项目 v，根据其获得的资源 a_{vk} 和给定的活动序列 AL_v，用串行调度机制（serial schedule generation scheme，SSGS）生成该子项目的最早调度计划 S_v，计算出各活动在优先关系和资源约束下的最早开始时间 es_{v_i}（ $\text{es}_{v_i} = 0$）和最早结束时间 ef_{v_i}，子项目 v 的工期长度 $Z_v = \text{ef}_{v_N}$ 随之确定。

（2）将不同的子项目看作多项目的活动，活动执行时间为工期 Z_v，活动所需资源为 a_{vk}，根据企业总的资源可用量 R_k 和给定的多项目优先级列表 L、多项目缓冲列表 B，用调整的 SSGS 生成多项目基准调度计划（田文迪等，2014；Lambrechts 等，2008），计算出子项目 v 的开始时间 ES_v 和结束时间 EF_v。

（3）采用 Artigues 等（2003）提出的资源流网络算法生成基准调度计划对应的多项目资源转移方案。

解码之后需要判断解方案是否可行，判断准则为所有子项目是否都在截止期 DD 之前完工。如果是，则为可行解；否则，为不可行解。本节对不可行解采取修复策略，即如果存在某子项目 v 的完工时间大于 DD，则首先调整该子项目的活动优先级列表 AL_v，如果通过调整仍得不到可行解，则需要调整解方案中的多项目优先级列表 L 和多项目缓冲列表 B，直到将不可行解转变为可行解。

接下来，根据式（6-3）计算 RMPSP-RDT 模型的总加权拖期成本 $\text{WT} = \sum_{v \in V} C_v (\text{EF}_v - \text{dd}_v)^+$。为了计算鲁棒性目标函数值［见式（6-4）］，需要获得各活动在可行调度计划 S_v 中的自由时差 fs_{v_i}，计算方法描述为（Lambrechts 等，2008）：针对活动 v_i，首先将该活动结束时间后移至其所有后序活动的最早开始时间，然后检查是否有资源冲突，如果有资源冲突，则将该活动结束时间再向前移动一个单位，直到满足资源约束为止，此时该活动的结束时间（记为 lf_{v_i}）与原结束时间 ef_{v_i} 之差即该活动的自由时差 $\text{fs}_{v_i} = \text{lf}_{v_i} - \text{ef}_{v_i}$。各子项目的自由时差 Δ_v 计算方法与活动自由时差计算方法相同，在此不再赘述。

表 6-3 列出了表 6-2 所示编码对应的解码方案，图 6-1 描绘了解码得到的多项目调度计划甘特图，其中每个矩形代表一个子项目，矩形的高表示子项目的资源获得量，矩形的长表示子项目在此资源约束下的工期长度，虚箭线描述了子项目间由于资源转移形成的紧前关系。

3）种群初始化

为了确保种群的多样性，在生成初始种群的时候，按照以下步骤随机地生成 Ind 中的 4 类列表，如果得到的解不可行，则按照 5.2.4 节所述方法对不可行解进行修复。

（1）多项目优先级列表。未生成调度计划前，多项目之间不存在紧前关系，因此可随机生成$|V|$个项目的先后顺序组成列表L。

（2）多项目缓冲列表。子项目v之前插入的缓冲大小b_v为整数，取值从$[0, DD - D_{\min}]$中随机生成，其中$D_{\min}$表示项目群可能的最短工期。

（3）多项目资源分配列表。A_k（$\forall k \in K$）中任意元素a_{vk}为整数，取值从$[\max\limits_{i \in J_v}\{r_{vk}\}, R_k]$中随机生成，其中$\max\limits_{i \in J_v}\{r_{vk}\}$表示子项目$v$中所有活动所需资源的最大值。

（4）活动优先级列表。任意子项目$v \in V$内部的活动之间具有紧前关系，因此活动优先级列表$\mathrm{AL}_v = (l_{v_1}, l_{v_2}, \cdots, l_{v_i}, \cdots, l_{v_{|J_v|}})$中的活动顺序随机生成，且必须符合工序前后关系。

表 6-3 解码方案

各子项目调度计划 $S_v = (\mathrm{es}_{v_1}, \mathrm{es}_{v_2}, \cdots, \mathrm{es}_{v_N})$	子项目 1	0	0	0	0	6	6	12	6	3	4	0	16
	子项目 2	0	0	0	0	6	8	8	9	6	1	6	18
	子项目 3	0	0	0	0	0	9	2	11	9	2	2	21
	子项目 4	0	0	0	0	7	7	2	14	8	0	0	23
	子项目 5	0	0	0	10	0	17	0	21	10	3	0	26
各子项目的开始时间，ES_v	27	0	59	0	0								
各子项目的结束时间，EF_v	43	18	80	23	26								
各子项目的工期长度，Z_v	16	18	21	23	26								

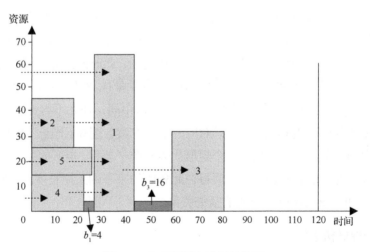

图 6-1 多项目调度计划甘特图

6.3.2　ALNS 算法

LNS（大邻域搜索）算法采用一种 destroy-repair 方法生成邻域解，destroy 方法破坏当前解的一部分，而后 repair 方法对被破坏的解进行重建，从而得到一系列新解的集合。对于大型复杂问题，尤其当邻域大小随着输入数据的规模呈现指数增长时，采用 destroy-repair 方法进行搜索优势显著。ALNS 算法是在 LNS 算法的基础上采用自适应机制，在求解过程中根据生成解的质量从多种 destroy-repair 方法中进行选择，即选择那些表现好的 destroy-repair 方法再次进行搜索。针对本章双目标 RMPSP-RDT 优化模型，为了有效判断邻域解的质量好坏，引入一种基于非支配解集（或称帕累托最优解集）HV 的评价体系，以动态选择较优的 destroy-repair 方法，再次生成邻域进行搜索。

在多目标优化领域，HV 是评价种群性能的重要指标之一，它度量了算法获得的非支配解集 D 与参考点围成的目标空间中区域的体积。HV 越大，说明算法得到的非支配解集 D 的覆盖率越好，即算法性能越好。HV 计算公式为

$$\text{HV}(D) = \bigcup_{x_j \in D} \{h \mid f(x_j) < h < f(x_{\text{ref}})\} \tag{6-16}$$

对于最小化目标函数的双目标优化问题，假设 f_1^{ub} 和 f_2^{ub} 分别表示相应单目标问题的上界，则参考点为 $x_{\text{ref}} = (f_1^{\text{ub}}, f_2^{\text{ub}})$。如图 6-2 所示，两个非支配解集 D_1、D_2 围成的区域分别表示为 $\text{HV}(D_1)$、$\text{HV}(D_2)$，由图可知 $\text{HV}(D_1) > \text{HV}(D_2)$，因此非支配解集 D_1 中的非支配解优于非支配解集 D_2 中的非支配解。

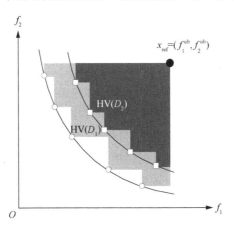

图 6-2　两个非支配解集与参考点围成的区域示例

一般来说，个体对种群的 HV 贡献越大，那么该个体的性能就越好，因此，本节将 HV 用于 ALNS 算法中 destroy-repair 邻域结构及基础解（base solution）的选择（Sun 等，2019），算法详细步骤总结如下。

步骤 1，生成初始种群，分别针对编码规则中的 4 类列表定义相应的 destroy-repair 邻域结构，总的邻域结构数量为 $M = 2+|K|+|V|$。定义对当前解方案进行破坏的程度（用参数 per_destroy 表示），定义每次搜索时生成的邻域解的数量（用参数 Num_offspring 表示）。选择邻域结构 $m = 1$（$m \in M$）。

步骤 2，在初始种群中通过非支配排序找出非支配解集，记为 $D*$。

步骤 3，如果满足终止条件，则算法结束；否则，转到步骤 4。

步骤 4，计算非支配解集 $D*$ 的 HV，并计算其中每个解的 HV 贡献率 $\text{Ratio}_i^{\text{HV}} = (f_1^{\text{ub}} - f_1(i)) \times (f_2^{\text{ub}} - f_2(i)) / \text{HV}$。选择 HV 贡献率最大的解进行标记，作为基础解，在该解基础上进行邻域移动；如果该解曾被标记，则选贡献率次大的解，以此类推。

步骤 5，计算非支配解集 $D*$ 与前一代非支配解集的 HV 改进比例 $\Delta\%$，如果 HV 改进比例较大（$\Delta\% \geqslant 0.01$），则说明当前邻域结构搜索效率较高，继续使用该邻域结构进行搜索；反之，则说明当前邻域结构搜索效率较低，需要更换下一个邻域结构 $m = m+1$（若下一个邻域结构为最后一个邻域结构，则回到第一个邻域结构），按照 m 对应的 destroy-repair 方法生成 Num_offspring 个邻域解。

步骤 6，将步骤 5 生成的邻域解与 $D*$ 合并，通过非支配排序生成新的非支配解集 $D*'$，令 $D*=D*'$。

步骤 7，如果 $D*$ 中所有解都被标记，则解除所有标记，转到步骤 3；如果 $D*$ 中存在未被标记的解，则转到步骤 4。

下面介绍 ALNS 算法步骤 1 中针对 4 类列表的 destroy-repair 邻域结构。

（1）活动优先级列表邻域。每个子项目 v 对应一种邻域，首先针对列表 AL_v 进行 destroy 操作：从 AL_v 中随机提取 $|J_v| \times \text{per\_destroy}$ 个活动组成列表 L_2，剩余活动形成列表 L_1。然后进行 repair 操作：依次选择 L_2 中的一个活动 j，在 L_1 中随机选择一个位置，检查该位置的可行性，即检查该位置前的所有活动是否都是 j 的前序活动（或者与 j 没有逻辑约束关系），该位置后的所有活动是否都是 j 的后序活动（或者与 j 没有逻辑约束关系）。如果是，则为可行位置；如果该位置不可行，则再随机选择另一个位置，直到找到可行位置为止，将该活动放入 L_1 中。继续选择 L_2 中的下一个活动，重复上述 repair 操作，直到 L_2 为空，得到更新后的列表 L_1 和其对应的邻域解。

以图 6-3 所示的子项目网络为例，假设当前多项目调度可行解中该子项目的活动优先级列表 $\text{AL} = (1, 4, 3, 9, 2, 11, 7, 5, 6, 8, 10, 12)$，取 per_destroy $= 0.3$，从 AL 中随机提取 $12 \times 0.3 = 4$ 个活动组成列表 $L_2 = (3, 11, 7, 6)$，则剩余活动形成

列表 $L_1 =$ (1, 4, 9, 2, 5, 8, 10, 12)。该案例中 repair 操作的步骤如下。

① 对于 L_2 中第 1 个活动 3，L_1 中可供插入的位置有 7 个，如图 6-4（a）所示。随机选择位置 6、5、3，均不可行（活动 3 是活动 9 的直接前序活动）；位置 1 为可行位置，则将活动 3 插入该位置，更新列表 $L_1 =$(1, 3, 4, 9, 2, 5, 8, 10, 12)，如图 6-4（b）所示。

② 对于 L_2 中第 2 个活动 11，L_1 中可供插入的位置有 8 个，如图 6-4（b）所示。随机选择位置 7，为可行位置，则将活动 11 插入该位置，更新列表 $L_1 =$ (1, 3, 4, 9, 2, 5, 8, 11, 10, 12)，如图 6-4（c）所示。

③ 对于 L_2 中第 3 个活动 7，L_1 中可供插入的位置有 9 个，如图 6-4（c）所示。随机选择位置 7，不可行；选择位置 5，若其为可行位置，则将活动 7 插入该位置，更新列表 $L_1 =$ (1, 3, 4, 9, 2, 7, 5, 8, 11, 10, 12)，如图 6-4（d）所示。

④ 对于 L_2 中最后一个活动 6，L_1 中可供插入的位置有 10 个，如图 6-4（d）所示。随机选择位置 7，若其为可行位置，则将活动 6 插入该位置，更新列表 $L_1 =$ (1, 3, 4, 9, 2, 7, 5, 6, 8, 11, 10, 12)。

（2）多项目优先级列表邻域。将每个子项目看作一个活动，针对多项目优先级列表 L 进行 destroy-repair 操作，具体过程与活动优先级列表邻域相同，在此不再赘述。

（3）多项目缓冲列表邻域。针对多项目缓冲列表 B，随机提取其中的 $|V| \times$per_destroy 个元素（destroy 操作），将其对应的缓冲大小按照种群初始化方法重新生成（repair 操作），得到对应的邻域解。

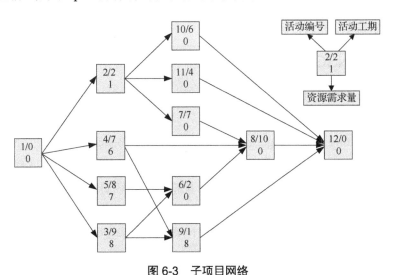

图 6-3　子项目网络

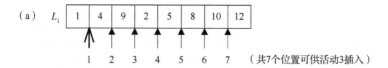

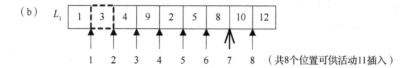

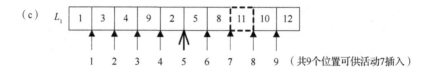

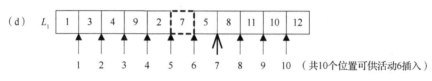

图 6-4　针对列表 L_1 进行 repair 操作步骤

（4）多项目资源分配列表邻域。共有 $|K|$ 种资源，一种资源对应一种邻域，对于任意资源 k，从 $A_k = (a_{1k}, a_{2k}, \cdots, a_{vk}, \cdots, a_{|V|k})$ 中随机提取 $|V| \times per\_destroy$ 个元素（destroy），将其对应的资源需求量按照种群初始化方法重新生成（repair），得到对应的邻域解。

按照以上 destroy-repair 方法生成的邻域解如果不可行，则按照 5.2.4 节所述方法对不可行解进行修复。

6.3.3　NSGA-II 算法

针对双目标 RMPSP-RDT 这一新问题，已有文献中没有现成的算法可用来求解。为进行对比分析，本节设计了一种快速非支配排序遗传算法（non-dominated sorting genetic algorithm，NSGA-II）作为 benchmark 算法。NSGA-II 算法（Deb 等，2002）已被证明是一种高效的多目标优化算法，其关键特征是使用精英非支配排序机制和拥挤距离分配机制来比较解的质量。

基于标准 NSGA-II 算法框架，采用与 ALNS 算法相同的编码、解码和种群初始化策略（种群规模记为 N），设计 NSGA-II 算法中的遗传操作如下。

（1）选择。采用二元锦标赛策略进行 N 次选择，每次随机选出两个个体进行比较，保留较优个体，最后共选出 N 个个体作为父代。

（2）交叉。进行 N 次交叉，每次随机选择两个个体作为父代，进行交叉生成两个子代个体，最后共生成 $2N$ 个子代个体。由于染色体编码包括 4 个部分，本节采用共同进化策略，即 4 个部分交叉操作同时进行并相互独立，发生的概率均为 pc。

交叉 1：针对每个子项目的活动优先级列表 AL_v（$\forall v \in V$），均采用两点交叉方法，即随机生成两个交叉点将染色体分为 3 个部分，两个交叉点以外的部分从同一个父代个体中继承，交叉点以内的部分（交叉区域）从另一个父代个体中继承，其中子代个体中已经存在的元素应该被删除，同时需要满足活动前后关系约束。

交叉 2：针对多项目优先级列表 $L = (\lambda_1, \lambda_2, \cdots, \lambda_v, \cdots, \lambda_{|V|})$ 采用两点交叉方法（操作方式同交叉 1）。

交叉 3：针对多项目缓冲列表 $B = (b_1, b_2, \cdots, b_v, \cdots, b_{|V|})$ 采用概率交叉方法，即随机生成一组 $|V|$ 维 0-1 变量，将数值为 1 的位置对应的缓冲值进行互换。

交叉 4：针对每一组资源分配列表 A_k（$\forall k \in K$）均采用概率交叉方法，即随机生成一组 $|V|$ 维 0-1 变量，将数值为 1 的位置对应的资源数量进行互换。

（3）变异。在组成染色体的 4 个部分上同时进行变异操作，这 4 个部分相互独立，发生的概率均为 pm。

变异 1：针对每个子项目的活动优先级列表 AL_v（$\forall v \in V$），均采用插入式变异。具体做法为，针对列表 AL_v 中的某个活动 i，其基因位置为 pos_i，首先确定活动 i 的所有紧前活动集合 Pred_i 中最靠后的活动 j 的基因位置 pos_j，然后确定活动 i 的所有紧后活动集合 Succ_i 中最靠前的活动 q 的基因位置 pos_q，活动 j 和活动 q 的位置即定义了变异操作活动 i 的可行位置区域$[\mathrm{pos}_j, \mathrm{pos}_q]$。最后在可行位置区域中随机选择一个不同于当前位置的基因位置 $\mathrm{pos}_{\mathrm{new}}$，将活动 i 插入该位置。如果 $\mathrm{pos}_{\mathrm{new}}$ 在活动 i 的原位置 pos_i 之前，则将 $\mathrm{pos}_{\mathrm{new}}$ 和 pos_i 之间的活动依次向后移动一个位置；如果 $\mathrm{pos}_{\mathrm{new}}$ 在活动 i 的原位置 pos_i 之后，则将 pos_i 和 $\mathrm{pos}_{\mathrm{new}}$ 之间的活动依次向前移动一个位置。

变异 2：针对多项目优先级列表 L 采用插入式变异（操作方式同变异 1）。

变异 3：针对多项目缓冲列表 B 中的每个元素 b_v，生成一个$(0,1)$上的随机数，如果数值小于 0.5，则缓冲值减小一个单位（如果缓冲大小为 0，则缓冲值不变），否则缓冲值增大一个单位。

变异 4：针对每一组资源分配列表 A_k（$\forall k \in K$）中的元素 a_{vk}，生成一个$(0,1)$上的随机数，如果数值小于 0.5，则资源数量减小一个单位，否则资源数量增大一个单位。

6.4 模拟实验分析

为评价算法的有效性，采用 MATLAB 编译程序，算法运行在 CPU 为 8 核 4GHz、内存为 16GB 的个人计算机上，操作系统为 Windows 7。为评价所提 ALNS 算法基于 HV 指标选择基础解和邻域结构这一自适应搜索策略的有效性，本实验另以随机策略作为参照（记为 LNS 算法），即在步骤 4、步骤 5 中均采用随机方式选择基础解和邻域结构，其他步骤与 ALNS 算法保持一致。

6.4.1 实验参数设置

因现有研究中不存在与本节 RMPSP-RDT 相适应的算例库，故采用资源受限项目网络生成工具 RanGen（Demeulemeester 等，2003）随机生成 5 组测试集，按照"多项目的数量–子项目内部活动的数量"分别表示为 5-10、5-20、5-30、10-10、10-15，每组测试集均包含 10 个多项目算例，算例参数设置方法如图 6-5 所示，图 6-5 中每个矩形表示一个子项目，矩形的高表示子项目的资源获得量，矩形的长表示子项目在此资源约束下的工期长度。

1）资源总供应量设置

第一步，假设资源总供应量不限，所有子项目并行执行（都在时刻 0 开始），如图 6-5（a）所示，每个子项目均采用传统关键路径法求得各子项目对应的最短工期 cp_v，并获得其最大资源需求量 $u_{vk}^{\max} = \sum_{i \in S_v(t)} r_{vik}$，其中，$S_v(t)$ 表示子项目 v 中时刻 t 正在进行的所有活动的集合。在此基础上计算项目群的最早可能完工期 $\mathrm{CP} = \max_{v \in V}\{\mathrm{cp}_v\}$ 和最大资源需求量 $R_k^{\max} = \sum_{v \in V} u_{vk}^{\max}$。

第二步，定义一个资源稀缺因子（resource scarcity factor，RSF；Browning 和 Yassine，2010），RSF ≥ 1，表示项目群的资源总供应量相对于最大资源需求量的稀缺程度。RSF 越大，则资源越稀缺，资源总供应量取为 $A = R_k^{\max} / \mathrm{RSF}$。

第三步，根据子项目每个活动需要的资源，先计算每个子项目的最小资源需求量 $u_{vk}^{\min} = \max_{i \in J_v}\{r_{vik}\}$，再计算整个项目群的最小资源需求量 $A' = \max_{v \in V}\{u_{vk}^{\min}\}$。企业的资源总供应量不能小于 A'，取为 $R_k = \max\{A, A'\}$。

2）子项目及项目群的完工截止期设置

第一步，假设所有子项目分别在多项目资源供给量 R_k 约束下串行执行，如图 6-5（b）所示，采用分支定界算法分别计算每个子项目的最短工期 cc_v，此时项目群的总工期为 $\mathrm{CC} = \sum_{v \in V} \mathrm{cc}_v$。项目群可能的最短工期取为

$$D_{\min} = \max\{CP \times RSF, CC\}。$$

第二步，定义一个完工宽松因子 δ，表示各子项目/项目群的完工截止期相对于可能最短工期的宽松程度，据此计算各子项目的完工截止期为 $dd_v = \lceil cc_v \times (1+\delta) \rceil$，项目群的完工截止期为 $DD = \lceil D_{\min} \times (1+\delta) \rceil$。

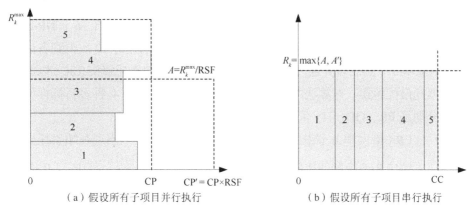

（a）假设所有子项目并行执行　　　　（b）假设所有子项目串行执行

图 6-5　多项目算例参数设置示意图

在本实验中，资源稀缺因子 RSF=1.5，完工宽松因子 δ=0.3。活动权重 w_{vj} 服从 [1,10] 上的离散三角形分布，即

$$\text{Prob}(w_{vj}=x) = 0.21 - 0.02x, \quad x = \{1, 2, \cdots, 10\}, \quad \forall j \in J_v, \ v \in V, \ w_{v1} = 0$$

田文迪等（2014）、Wang 等（2019）、Lambrechts 等（2008）均采用同样的分布描述活动权重。考虑到项目开始时间发生偏离的单位惩罚成本通常远高于活动权重，实验中将子项目权重 W_v 设置为服从 [1,100] 上的离散三角形分布。此外，子项目单位拖期成本 C_v 也设置为服从 [1,100] 上的离散三角形分布。

为了保证对比研究的可信度，本节进行了一系列预实验评估，表 6-4 列出了算法各自整体性能最优时的相关参数取值。

表 6-4　算法相关参数取值

算法	参数	取值
ALNS/LNS	种群大小	pop = 300
	destroy 的程度	per_destroy = 0.3
	每次生成邻域解的数量	Num_offspring = 50
	算法终止条件	运行时间大于 180s
NSGA-II	种群大小	pop = 300
	交叉概率	pc = 0.9
	变异概率	pm = 0.1
	算法终止条件	运行时间大于 180s

6.4.2　算法性能指标

在多目标优化问题中，决策者在比较不同算法的性能时通常从收敛性和分布性两个方面进行考虑。收敛性是指算法获得的帕累托解集逼近帕累托最优解集的程度，分布性是指算法获得的帕累托解集的分布性能（均匀分布且应该尽可能扩展）（Tabrizi 和 Ghaderi，2016）。鉴于 RMPSP-RDT 属于 NP-hard 问题，且算法具有随机性，因此实验中首先将 3 种算法运行 10 次得到各自的帕累托解集 P，然后合并通过非支配排序形成近优的帕累托解集 Ref，以此作为帕累托最优解集。对算法的评价采用文献中较为常见的 4 种多目标性能指标，分别是 ER、GD、HV 和 SP。

- ER（错误率）：该指标表示属于帕累托解集 P 但未出现在帕累托最优解集 Ref 中解的比例，定义为 $ER = \dfrac{|P| - |\text{Ref} \cap P|}{|P|}$。其中，$|P|$ 是解集 P 中帕累托解的数量；$|\text{Ref} \cap P| = |P| \times (1 - ER)$ 表示解集 P 的帕累托解中属于帕累托最优解集 Ref 的有效解的数量，其值越大说明算法的帕累托解等级越高。$ER = 0$ 表示所有属于解集 P 的帕累托解都属于解集 Ref，$ER = 1$ 表示解集 P 中的任何一个解都不属于解集 Ref，因此 ER 越接近 0，算法性能越好。

- GD：该指标度量了算法求得的解集 P 中的每个帕累托解到帕累托最优解集 Ref 的平均最小距离，定义为 $GD = \dfrac{1}{|P|} \sqrt{\sum_{i=1}^{|P|} d_i^2}$。其中，$|P|$ 是解集 P 中帕累托解的数量；d_i 表示解集 P 中解 i 与帕累托最优解集 Ref 中最近解之间的欧氏距离，计算公式为 $d_i = \min_{g=1}^{|P|} \sqrt{\sum_{j=1}^{m} [f_j(x_i) - f_j^*(x_g)]^2}$，$m$ 表示目标函数的个数。GD 越小，算法收敛性越好。

- HV：该指标度量了算法获得的帕累托解集与帕累托最优解集围成的目标空间中区域的体积，可同时度量算法的收敛性和分布性，其值越大，说明算法的综合性能越好。计算公式见式（6-16）。

- SP（间隔）：该指标度量的是解集 P 中每个帕累托解到其他解的最小距离的标准差，其值越小，说明解集分布越均匀，计算公式为 $SP = \sqrt{\dfrac{1}{|P|-1} \sum_{i=1}^{|P|} (d_i - \overline{d})^2}$。其中，$d_i$ 含义同上，均值 $\overline{d} = \sum_{i=1}^{|P|} d_i / |P|$。

6.4.3　算法性能对比

表 6-5 和表 6-6 分别列出了 3 种算法在所有测试集上的性能指标均值及方差，其中每种指标下的最优值加粗表示。表 6-5 中还对比了每种算法获得的有效解的数量 $num = |\text{Ref} \cap P|$。

表 6-5　三种算法性能指标均值对比结果

多项目测试集	算法	ER	num	GD	HV	SP
5-10	NSGA-II 算法	**0.05**	**843**	**1.01**	**7876293**	**0.007**
	LNS 算法	0.92	42	79.09	7725823	0.015
	ALNS 算法	0.55	438	228.11	7617699	0.025
5-20	NSGA-II 算法	0.36	43	**48.22**	**13421675**	**0.023**
	LNS 算法	0.99	4	160.08	12978197	0.029
	ALNS 算法	**0.24**	**492**	165.89	13409306	0.027
5-30	NSGA-II 算法	0.72	8	149.67	20380492	0.037
	LNS 算法	0.90	25	215.99	19752984	0.040
	ALNS 算法	**0.06**	**667**	**57.78**	**21424982**	**0.036**
10-10	NSGA-II 算法	0.28	54	**121.47**	**122043663**	**0.025**
	LNS 算法	1.00	1	527.01	116687714	0.035
	ALNS 算法	**0.14**	**616**	634.78	117686059	0.036
10-15	NSGA-II 算法	0.38	28	562.11	134456504	0.040
	LNS 算法	0.85	65	630.27	134421708	**0.033**
	ALNS 算法	**0.10**	**822**	**331.79**	**139197634**	0.036

通过对表 6-5 实验结果的分析，可以得出以下结论。

（1）对于小规模测试集 5-10，3 种算法中 NSGA-II 算法在 5 种性能指标上均表现最优；对于大规模测试集 5-30，3 种算法中 ALNS 算法在 5 种性能指标上均表现最优。对于中、小规模测试集 5-10、5-20 和 10-10，NSGA-II 算法在 GD、HV 和 SP 指标上均优于 ALNS/LNS 算法；对于大规模测试集 5-30 和 10-15，ALNS 算法在 GD、HV 和 SP 指标上均优于 NSGA-II 算法，说明随着问题规模的增大（子项目中活动数量增加或多项目数量增加），NSGA-II 算法的收敛性和分布性呈现下降趋势，ALNS 算法的收敛性和分布性逐渐增强。

（2）对于 4 组多项目测试集 5-20、5-30、10-10 和 10-15，3 种算法中 ALNS 算法的有效解数量 $|\text{Ref} \cap P|$ 远远多于 NSGA-II 算法和 LNS 算法，ALNS 算法的 ER 较另两种算法更接近 0，说明帕累托最优解集 Ref 中的绝大部分解都来

自 ALNS 算法，因此 ALNS 算法解的多样性及非支配性等级均优于 NSGA-II/LNS 算法。

表6-6 3 种算法性能指标方差对比结果

多项目测试集	算法	ER	GD	HV	SP
5-10	NSGA-II 算法	**0.05**	**1.02**	2207732	**0.003**
	LNS 算法	0.06	31.7	2165706	0.006
	ALNS 算法	0.30	302.08	**2155915**	0.007
5-20	NSGA-II 算法	0.16	**32.01**	3681249	**0.010**
	LNS 算法	**0.02**	94.61	**3528842**	0.015
	ALNS 算法	0.24	140.27	3977271	0.015
5-30	NSGA-II 算法	0.18	70.94	4413199	0.016
	LNS 算法	0.30	163.37	4190709	0.037
	ALNS 算法	**0.15**	**50.19**	**4124122**	**0.012**
10-10	NSGA-II 算法	0.08	**94.87**	32948021	**0.008**
	LNS 算法	**0.01**	175.18	**31802806**	0.031
	ALNS 算法	0.16	340.41	32267550	0.014
10-15	NSGA-II 算法	**0.10**	123.49	29793629	**0.017**
	LNS 算法	0.26	**109.88**	**28089373**	0.020
	ALNS 算法	0.17	937.13	29237390	0.020

通过对表 6-6 中实验结果的分析，可以得出以下结论。

（1）对于多项目测试集 5-10、5-20 和 5-30，随着子项目中活动数量的增加，NSGA-II 算法在 ER 指标上的求解稳定性逐渐变差，ALNS 算法在 ER 指标上的求解稳定性逐渐增强。对于中、小规模测试集 5-10、5-20 和 10-10，NSGA-II 算法在 GD 指标上的求解稳定性优于 ALNS/LNS 算法；对于大规模测试集 5-30 和 10-15，ALNS/LNS 算法在 GD 指标上的求解稳定性优于 NSGA-II 算法。对于 HV 指标，ALNS/LNS 算法针对 5 组测试集的综合求解性能都比 NSGA-II 算法更加稳定。对于 SP 指标，NSGA-II 算法针对 4 组测试集的绩效稳定性均优于 ALNS/LNS 算法。

（2）对于大规模测试集 5-30，3 种算法中 ALNS 算法 4 种性能指标值的方差均最小，说明 ALNS 算法在该测试集上求解效率最为稳定。

分别选取测试集 5-10 和 5-30 中的两个多项目算例作为示例，图 6-6 和图 6-7 分别描绘了 3 种算法得到的帕累托解在二维目标空间中的分布情况。根据图 6-6 和图 6-7 可以直观看出，对于小规模测试集，NSGA-II 算法的帕累托解具有明显的支配地位；而对于大规模测试集，ALNS 算法的帕累托解具有明显的支配地位。RMPSP-RDT 的帕累托最优解集可以为项目经理综合考虑多项目拖期成本和进度鲁棒性提供定量决策依据。

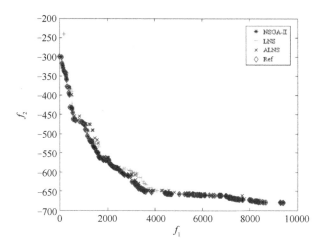

图 6-6　测试集 5-10 中多项目算例 4 不同算法下的帕累托解分布情况

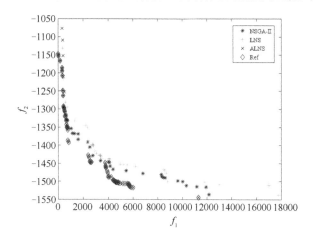

图 6-7　测试集 5-30 中多项目算例 10 不同算法下的帕累托解分布情况

以上结果充分表明，本章提出的 ALNS 算法可以对 RMPSP-RDT 进行有效求解，特别是针对大规模测试集 5-30，ALNS 算法的求解性能及鲁棒性均优于 NSGA-II/LNS 算法。

6.4.4　实验结果及分析

为了评价所提模型和算法得到的多项目调度计划（帕累托解集）的性能，本节在仿真环境下模拟 RDT 多项目的实际运行情况，分析活动工期不确定因素对多项目实施鲁棒性的影响。

假设各活动工期服从对数正态分布（Wang 等，2019；崔南方和梁洋洋，2018），均值为项目网络中给出的活动计划时间 d_i，由 MATLAB 中对数正态分布的随机矩阵函数 $\text{logrnd}(\mu, \sigma^2)$ 生成活动模拟工期，其中，μ 和 σ 是对应的正态分布时间均值和标准差，$\mu = \ln(d_i) - \sigma^2 / 2$。$\sigma$ 代表了活动工期不确定水平的大小，实验中取 $\sigma = \{0.3, 0.6, 0.9\}$，分别代表活动工期不确定水平低、中、高 3 个级别。在每个 σ 下对每个多项目算例的每个帕累托解模拟执行 1000 次，以获得统计均值。多项目模拟执行采用时刻表策略（Wang 等，2019；崔南方和梁洋洋，2018），即各子项目不得早于计划开始时间实施，各活动不得早于计划开始时间进行。此外，由于多项目之间为 RDT 关系，因此各子项目的执行顺序与调度计划中确定的资源流向保持一致（见图 6-1）。

多项目实施绩效从"解"鲁棒性和"质"鲁棒性两个方面评价。在"解"鲁棒性方面，采用实际开始时间与计划开始时间的偏差鲁棒成本（稳定性成本）$\text{SC} = \sum_{v \in V}(W_v |F_v - \text{AF}_v| + \sum_{i \in J_v} w_{v_i} |S_{v_i} - s_{v_i}|)$ 作为衡量指标，其中，F_v 为子项目 v 的计划开始时间，AF_v 为子项目 v 的实际开始时间，S_{v_i} 和 s_{v_i} 分别为活动 v_i 的计划开始时间和实际开始时间。在"质"鲁棒性方面，分别采用总加权拖期成本 $\text{TC} = \sum_{v \in V} C_v (\text{AF}_v + \text{AZ}_v - \text{dd}_v)^+$、按时完工率 TPCP 和平均工期 Z 作为衡量指标，其中 AZ_v 为子项目 v 的实际工期长度。针对 5 组测试集，模拟实验结果如表 6-7 所示。

表 6-7　模拟实验结果

不确定水平	绩效指标	5-10	5-20	5-30	10-10	10-15
$\sigma = 0.3$	SC	170.02	437.50	767.68	289.17	649.94
	TC	228.65	416.07	472.29	226.04	248.82
	Z	86.78	87.51	94.36	118.03	150.64
	TPCP	1.00	1.00	1.00	1.00	1.00
$\sigma = 0.6$	SC	343.12	985.37	1786.74	630.27	1425.00
	TC	836.94	1236.24	1749.39	1242.11	1297.55
	Z	91.41	92.75	101.64	121.96	154.87
	TPCP	0.99	1.00	1.00	1.00	1.00
$\sigma = 0.9$	SC	533.92	1663.88	3108.36	1000.31	2289.19
	TC	1744.45	2703.71	4347.10	2959.36	3209.10

续表

不确定水平	绩效指标	5-10	5-20	5-30	10-10	10-15
	Z	99.44	104.43	116.53	129.83	162.84
	TPCP	0.92	0.98	0.99	0.99	1.00

通过对表 6-7 统计结果的分析，可以得出以下结论。

（1）随着 σ 的增大，不同类型的多项目执行鲁棒性均变差，这一结果与预期相符。其中，SC 增大，TC 增大，Z 延长，TPCP 增大。

（2）在相同 σ 的情况下，将测试集 5-10、5-20 和 5-30 进行比较发现，SC、TC、Z 这 3 个指标都随着多项目规模的增大而增大，因此测试集 5-30 的 3 个指标总是最差的；TPCP 随着项目规模的增大而略有增大，这是由于项目群的截止工期 DD 是在理论最短工期基础上加上宽松比例设置的，当项目规模较小时，理论最短工期较短，截止工期设置相对较紧，因此 TPCP 相对较小。

（3）在相同 σ 的情况下，将测试集 5-30、10-10 和 10-15 比较可知，测试集 5-30 的 SC 和 TC 均大于测试集 10-10 和测试集 10-15 的，可见子项目内部活动数较多对项目执行稳定性和子项目完工有更大影响。而对于 Z，测试集 5-30 的则小于测试集 10-10 和测试集 10-15 的，可见子项目数量的增多对项目群总工期影响更大。

为观测各绩效指标随活动工期不确定水平的变化趋势，以 σ 为横轴，以 4 种绩效指标为纵轴分别绘制图形，如图 6-8 所示。由图可知，随着 σ 的增加，SC、TC 和 TPCP 的变动幅度较大，Z 的变动幅度相对较小。在图 6-8（a）和图 6-8（b）中，针对 5-30 和 10-15 两种规模较大的多项目测试集，曲线变动幅度最为明显，可知不确定水平的变化对大规模项目群的 SC 和 TC 影响更大。在图 6-8（d）中，针对 5-10 和 5-20 两个测试集，曲线变动幅度较大，尤其是测试集 5-10 变动剧烈，可知因截止工期限制，不确定水平增大对小规模项目群的按时完工率影响更明显。

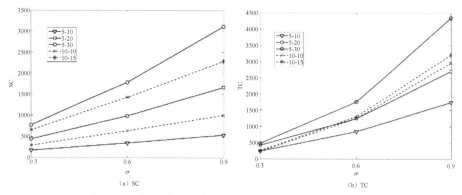

图 6-8　各绩效指标随活动工期不确定水平的变化趋势

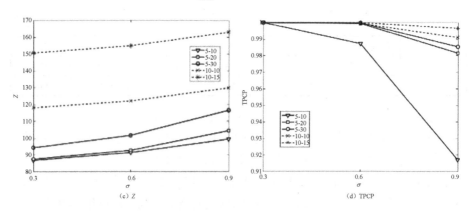

图 6-8　各绩效指标随活动工期不确定水平的变化趋势（续）

6.5　本章小结

本章针对多项目管理问题提出一种新的 RDT 策略，引入活动工期的不确定性，采用时差效用函数指标度量项目调度计划的鲁棒性，进而同时考虑总加权拖期成本和鲁棒性两个目标，构建了一个多项目资源分配与鲁棒调度双目标优化模型 RMPSP-RDT。针对模型的 NP-hard 特性，本章设计了 ALNS 算法进行求解，模拟实验结果验证了所提算法针对大规模测试集的有效性。研究工作丰富了多项目调度问题的求解方法，同时拓展了 ALNS 算法的应用。未来研究将考虑资源不确定情形，开发新的基于多项目资源干扰的鲁棒性衡量指标，增加战术层资源供应量决策和资源预算决策等，构建资源不确定条件下的多项目资源分配与鲁棒调度集成优化模型。此外，在多项目管理实践中，可更新资源在各项目之间发生转移通常需要耗费一定的时间和成本，因此，有必要进一步考虑资源转移时间、资源转移成本和资源均衡等诸多因素，构建更符合实际的多目标优化模型，这也对设计更高效的多目标优化算法提出了挑战。

参考文献

[1]　ARTIGUES C, MICHELON P, REUSSER S. Insertion techniques for static and dynamic resource-constrained project scheduling[J]. European Journal of Operational Research, 2003, 149(2): 249-267.

[2]　BEŞIKCI U, ÜMIT B, ULUSOY G. Multi-mode resource constrained multi-project scheduling and resource portfolio problem[J]. European Journal of Operational Research, 2015, 240(1): 22-31.

[3]　BEŞIKCI U, ÜMIT B, ULUSOY G. Resource dedication problem in a multi-project environment[J]. Flexible Services and Manufacturing Journal, 2013, 25(1): 206-229.

[4] BROWNING T R, YASSINE A A. Resource-constrained multi-project scheduling: Priority rule performance revisited[J]. International Journal of Production Economics, 2010, 126(2): 212-228.

[5] DEB K, PRATAP A, AGARWAL S, et al. A fast and elitist multiobjective genetic algorithm: NSGA-II[J]. IEEE Transactions on Evolutionary Computation, 2002, 6: 182-197.

[6] DEMEULEMEESTER E, VANHOUCKE M, HERROELEN W. RanGen: A random network generator for activity-on-the-node networks[J]. Journal of Scheduling, 2003, 6(1):17-38.

[7] GOMES H C, NEVES F D A D, SOUZA M J F. Multi-objective metaheuristic algorithms for the resource-constrained project scheduling problem with precedence relations[J]. Computers & Operations Research, 2014, 44: 92-104.

[8] KIEFER A, HARTL R F, SCHNELL A. Adaptive large neighborhood search for the curriculum-based course timetabling problem[J]. Annals of Operations Research, 2017, 252(2): 1-28.

[9] LAMBRECHTS O, DEMEULEMEESTER E, HERROELEN W. A tabu search procedure for developing robust predictive project schedules[J]. International Journal of Production Economics, 2008, 111(2): 493-508.

[10] LASLO Z, GOLDBERG A I. Resource allocation under uncertainty in a multi-project matrix environment: Is organizational conflict inevitable?[J]. International Journal of Project Management, 2008, 26(8): 773-788.

[11] LIU J, LU M. Robust dual-level optimization framework for resource-constrained multiproject scheduling for a prefabrication facility in construction[J]. Journal of Computing in Civil Engineering, 2019, 33(2): 04018067.

[12] LOVA A, MAROTO C, TORMOS P. A multicriteria heuristic method to improve resource allocation in multiproject scheduling[J]. European Journal of Operational Research, 2000, 127(2): 408-424.

[13] PALOMO-MARTÍNEZ P J, SALAZAR-AGUILAR M A, LAPORTE G. Planning a selective delivery schedule through adaptive large neighborhood search[J]. Computers & Industrial Engineering, 2017, 112: 368-378.

[14] SUN J, MIAO Z, GONG D, et al. Interval multi-objective optimization with memetic algorithms[J]. IEEE Transactions on Cybernetics, 2019(99):1-14.

[15] TABRIZI B H, GHADERI S F. A robust bi-objective model for concurrent planning of project scheduling and material procurement[J]. Computers & Industrial Engineering, 2016, 98: 11-29.

[16] WANG J, HU X, DEMEULEMEESTER E, et al. A bi-objective robust resource allocation model for the RCPSP considering resource transfer costs[J]. International Journal of Production Research, 2019, 59(2): 367-387.

[17] 崔南方，梁洋洋. 基于资源流网络与时间缓冲集成优化的鲁棒性项目调度[J]. 系统工程理论与实践，2018，38（1）：102-112.

[18] 寿涌毅. 资源受限多项目调度的模型与方法[M]. 杭州：浙江大学出版社，2010.

[19] 田文迪，胡慕海，崔南方. 不确定性环境下鲁棒性项目调度研究综述[J]. 系统工程学报，2014，29（1）：135-144.

[20] 张静文，周杉，乔传卓. 基于时差效用的双目标资源约束型鲁棒性项目调度优化[J]. 系统管理学报，2018，27（2）：299-308.

[21] 张立辉，邹鑫，黄元生，等. 重复性项目调度模型的时差分析[J]. 中国管理科学，2018，26（6）：95-103.

第 7 章

总结与展望

本书研究了在活动工期不确定条件下，带有资源转移时间的鲁棒项目调度问题，研究工作从单项目环境到多项目环境，从只考虑资源转移时间到同时考虑资源转移时间和资源转移成本，逐步拓展延伸。针对不同问题及其特征，本书分别建立了问题数学模型，设计了相应的问题求解算法。

具体地，针对单项目环境，本书采用资源流编码方式研究了不确定条件下带有资源转移时间的资源受限项目调度问题（RCPSP）。基于资源流编码，以最小化项目工期为目标，建立了带有资源转移时间的 RCPSP（RCPSPTT）数学模型，分别设计了改进的禁忌搜索算法和贪心随机自适应禁忌搜索算法求解模型。进一步，本书研究了活动工期不确定条件下的鲁棒项目调度与资源分配集成优化方法，分别以最小化总拖期惩罚成本、最小化额外资源弧数量、最大化活动间成对时差总和为"解"鲁棒性目标，建立了问题随机规划模型和混合整数规划模型，分别采用禁忌搜索启发式算法和精确算法求解。

接下来，在考虑资源转移时间的基础上，本书进一步引入资源转移成本来研究活动工期不确定条件下的鲁棒项目调度问题，构建了鲁棒资源分配优化模型，采用遗传退火混合智能算法对问题求解。进一步，本书考虑调度计划鲁棒性和资源转移成本等多个目标，建立了项目调度和资源分配多目标优化模型，分别设计了 NSGA-II 算法、PSA 算法和 ε 约束方法求解问题。

最后，本书将研究视角拓展到多项目管理领域，提出一种资源专享-转移策略，考虑活动工期的不确定性，从时差效用函数视角评价项目调度计划的鲁棒性，在考虑拖期成本-鲁棒性的多目标问题框架下，构建了一个资源专享-转移视角下的多项目资源分配（战术层）与鲁棒调度（运作层）双层决策优化模型，设计了一种新的自适应大邻域搜索算法求解模型。

本书针对活动工期不确定条件下的鲁棒项目调度问题开展了大量研究工作，取得了一定的研究成果。未来可以考虑从以下方面继续开展研究工作。

（1）分布式项目调度与战术资源规划协调优化。

随着经济全球化和信息技术的快速发展，企业多项目在地域分布和组织管理上越来越分散，多项目的同时执行要面临资源协调分配与任务高效调度的问题。特别是以新基建为代表的未来项目建设和管理呈现出分布区域广、参与主体多、迭代周期短等独特特征，分布式建设成为其主要项目管理模式，多元主体参与成为其主要投资模式。5G基站建设、新能源充电桩等，项目经理不但需要针对自身项目做出最优调度计划，而且需要考虑全局统筹优化在多项目间协调有限的内外部资源。传统多项目管理方法通常在战术层和运作层分别确定资源规划和调度决策，而未能在两个层次之间建立有效协调，难以实现全局决策优化。这不仅会在运作层面影响项目的调度绩效，还会显著影响项目组织在完成多项目时的整体成本绩效。有必要提出一种集成管理方法，使其能够同时考虑战术层整体资源规划和运作层资源调度优化，并有效地协调两个层次的决策。因此，有必要针对分布式项目调度与战术资源规划（distributed multi-project scheduling and tactical resource planning，DMPS-TRP）协调优化问题开展研究。分布式项目涉及多种类型的资源，如全局共享资源、本地资源、非常规资源等，且变量和约束众多，不仅加大了局部调度的难度，也使资源协调过程变得更为复杂，需要在问题建模和算法设计方面开展创新性研究和技术突破。

（2）项目群调度与物料供应集成优化。

"项目群化"在如今的项目管理领域普遍存在。有数据显示，世界范围内高达90%的项目管理都是在项目群/多项目环境下执行的。美国项目管理协会PMI基于项目的联系，提出项目群是一组相互关联并需要进行协调管理的项目，用于获取单个项目无法获得的效益。尤其是大型工程管理，如我国三峡水利工程、高速铁路网建设、港珠澳大桥工程等，都是由众多项目组成的项目群。这类项目具有定制性、独特性、过程复杂、时空跨度大、投入资源量大、参与方众多等一系列特点，项目群整体运作需要用到有限的设备和人力资源（可更新资源），同时需要从多个供应商处获取不同种类的物料（不可更新资源）。据统计，在工程项目中，与物料相关的成本通常占到了工程总成本的50%~60%，物料管理对项目进度的影响程度高达80%。物料需求源于项目调度计划，物料的采购与供应又对调度计划及其执行产生影响，如果物料提前到货会产生库存和维护成本，物料延迟到货、供应量不足或质量有问题，则会导致项目活动不能按计划开工，造成项目工期延误、预算超支和质量不合格等问题，最终会损害项目群各方利益和整体利益。可见，物料采购决策与项目群调度决策相互影响、相互制约，如何实现物料供应规划和项目调度计划的协同，以期实现项目群的协同调度和资源的优化配置，成为工程项目从业者和管理者亟需解决的关键问题。

本书作者曾对我国山东大沽河治理工程部分标段进行调研。作为青岛市的"头号工程"，大沽河治理工程内容涵盖拦河坝、路堤、堤顶路桥工程、绿化四大部分内容。YLF 公司作为该工程项目总承包商之一，负责实施部分路堤和绿化建设工作，整个建设项目由分别位于大沽河沿线不同地点的 4 个子项目组成，每个子项目的主要建设包括 6 个步骤（每个步骤都由一系列活动/工序组成），按先后顺序描述为：①准备和测量；②土方工程；③筑堤；④护岸；⑤种植；⑥电力和金属结构工作。4 个子项目同时独立开展，且都需要使用钢筋、水泥、沙子和岩石等原材料，这些材料由多个供应商向 YLF 公司供货。公司管理层对各项目的物料需求进行汇总与整合，以集中的方式对物料的采购、运输和分配实施全面管控。整个建设项目预期在一年内完成。然而，由于每年 6 月和 7 月是青岛市的雨季，特别是 7 月雨量大，重型机械随时可能因淤泥太深而无法工作，进而导致工程中断。此外，第①～③项工序需要在 6 月前完工，否则每年的洪水将摧毁尚不稳定的堤坝，并给邻近地区带来灾难。因此，YLF 公司面临着在极其有限的时间内且不确定的环境下（恶劣天气影响开工），协调多种物料的供需计划和项目群调度计划，实现所有项目按时按质完成的挑战。

针对上述案例项目及具有类似特点问题的实际需求，传统的管理方式是在假定物料供应充足的情况下先制订项目调度计划，随后在此基础上制订物料需求计划，即物料采购与项目调度分阶段决策。这种独立决策方式忽略了项目进度与物料供应之间的相互影响关系及之间的整体协调性，难以实现整体最优的工程绩效。因此，有必要针对复杂不确定环境下项目群调度与物料供应集成优化问题（integrated multi-project scheduling and material supply problem，IMPSMSP）开展研究。该问题涉及并行执行的一组项目，项目实施阶段不共享设备、人力等可更新资源，但共享多个物料供应商，问题协同网络如图 7-1 所示。考虑供应商供应能力的时变性、批量采购、价格折扣、物料运输及库存等实际因素，首先研究不确定条件下的集成优化方法，作为后续研究的基础；其次将鲁棒优化理论引入项目群调度与物料供应集成优化领域，分别研究活动工期不确定和供应能力不确定条件下 IMPSMSP 鲁棒集成优化方法；最后为有效应对项目群执行过程中的扰动，研究物料协同调配和多项目重调度方法。

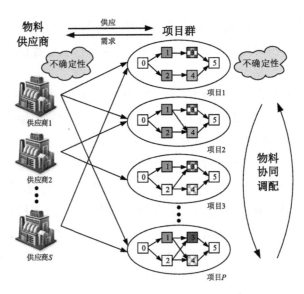

图 7-1 项目群调度与物料供应协同网络

（3）数据驱动的鲁棒项目调度。

市场环境快速变化，复杂工程项目所涉及的不确定性因素日益增多，不确定性可能来源于项目本身的不确定性（如设计变更、交货期改变、活动工期估计不准确等），或者来自资源供应的不确定性（如可用资源出现故障或短缺、物料延迟到达或质量不过关等），经常会对预先确定的计划方案在实施中产生严重甚至破坏性的干扰。例如，东方电气（武汉）核设备有限公司是国内民用核电堆内构件 3 家供应商之一，该公司于 2011 年中标中广核工程有限公司 CPR1000 堆型堆内构件制造合同，其中，导向筒构件的生产组织难度非常大，涉及几千种材料和零部件。由于在编制项目计划时没有充分考虑物料供应的不确定性，在实际制造过程中，物料在规定时间内整体到位率仅 50%，物料供应不及时、不配套最终导致交货期延误 1 年以上。由此可见，针对项目群调度与物料供应集成优化的研究迫切地需要考虑不确定性，以增强协调计划应对干扰因素的能力。值得指出的是，不确定条件下的（多）项目调度问题近些年来受到了学术界的广泛关注，诸多学者对此开展了研究，但现有的这些研究很少考虑物料的采购与供应问题。

（4）机器学习方法在项目调度领域中的应用。

作为人工智能的核心，机器学习（machine learning，ML）研究计算机怎样模拟或实现人类的学习行为，以获取新的知识或技能，重新组织已有的知识结构使之不断改善自身的性能。机器学习是一门多领域交叉学科，涉及概率论、统计学、逼近论、凸分析、算法复杂度理论等多门学科。近年来，随着大数据的产生和平台计算能力的快速发展，机器学习得到突破和飞跃，被广泛应用于生活中的方方面面，包括自动驾驶、智能制造、广告推送、网络安全、医疗检测、智慧交通等。同时，机器学习是计算机科学、数学、管理科学等多个学科领域的研究前沿和热点问题。

自 2018 年以来，机器学习技术越来越多地被应用到项目调度领域，其中大部分研究工作是将人工神经网络、贝叶斯网络和强化学习等机器学习方法与经典的元启发式算法相结合，求解随机环境下的项目调度问题。主要工作包含 3 个方面：一是通过机器学习得到元启发式算法的相关参数，针对不同的问题实例设置不同的参数，克服元启发式算法泛化能力不足的问题，提高算法求解效率；二是通过机器学习从繁杂、数量众多的启发式算子中选择适宜的调度规则，提升算法求解效率；三是不借助传统调度算法和调度规则，直接采用机器学习方法进行项目活动调度，将学习得到的调度计划作为元启发式算法迭代优化的初始解。

尽管机器学习方法在项目调度领域的应用越来越广泛，但仍然有一些研究方向值得进一步探索。一是目前的研究工作大多局限于确定性问题领域，只有较少的研究将机器学习方法和元启发式算法相结合研究不确定性和数据有限条件下的项目调度问题。然而，不确定性和风险性在项目调度实际应用中不可避免，需要进一步深入研究。二是目前机器学习方法的研究工作主要局限于基本的资源受限项目调度问题，对于具有时间约束的项目调度问题，如带有资源转移时间的项目调度问题、分布式多项目调度问题等，研究工作还鲜有涉及，值得进一步探索。

总体而言，与传统的运筹优化技术相比，机器学习技术在解决项目调度问题时具有一定的优势和前沿性。然而，目前机器学习技术在这一领域仍处于初级阶段，需要进一步的研究来验证机器学习技术在处理不同行业的各种项目调度问题时的有效性和准确性。

反侵权盗版声明

电子工业出版社依法对本作品享有专有出版权。任何未经权利人书面许可，复制、销售或通过信息网络传播本作品的行为；歪曲、篡改、剽窃本作品的行为，均违反《中华人民共和国著作权法》，其行为人应承担相应的民事责任和行政责任，构成犯罪的，将被依法追究刑事责任。

为了维护市场秩序，保护权利人的合法权益，我社将依法查处和打击侵权盗版的单位和个人。欢迎社会各界人士积极举报侵权盗版行为，本社将奖励举报有功人员，并保证举报人的信息不被泄露。

举报电话：（010）88254396；（010）88258888

传　　真：（010）88254397

E-mail：dbqq@phei.com.cn

通信地址：北京市万寿路 173 信箱

　　　　　电子工业出版社总编办公室

邮　　编：100036